統計力学

集団の物理の原理とその手法を理解するために

宮下精二［著］

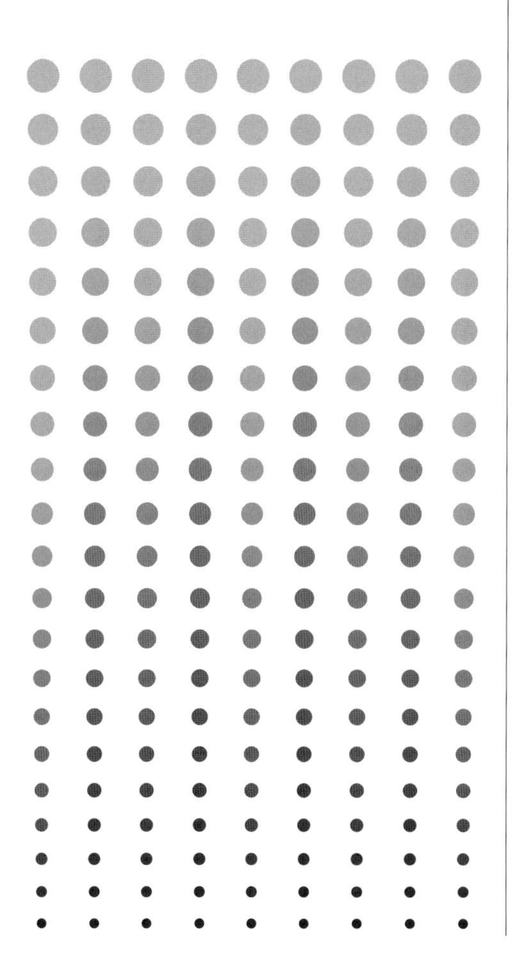

フロー式
物理演習
シリーズ

須藤彰三
岡　真
［監修］

共立出版

刊行の言葉

物理学は，大学の理系学生にとって非常に重要な科目ですが，“難しい”という声をよく聞きます．一生懸命，教科書を読んでいるのに分からないと言うのです．そんな時，私たちは，スポーツや楽器（ピアノやバイオリン）の演奏と同じように，教科書でひと通り“基礎”を勉強した後は，ひたすら（コツコツ）“練習（トレーニング)”が必要だと答えるようにしています．つまり，1つ物理法則を学んだら，必ずそれに関連した練習問題を解くという学習方法が，最も物理を理解する近道であると考えています．

現在，多くの教科書が書店に並んでいますが，皆さんの学習に適した演習書（問題集）は，ほとんど見当たりません．そこで，毎日1題，1ヵ月間解くことによって，各教科の基礎を理解したと感じることのできる問題集の出版を計画しました．この本は，重要な例題30問とそれに関連した発展問題からなっています．

物理学を理解するうえで，もう1つ問題があります．物理学の言葉は数学で，多くの“等号（=)”で式が導出されていきます．そして，その等号1つひとつが単なる式変形ではなく，物理的考察が含まれているのです．それも，物理学を難しくしている要因であると考えています．そこで，この演習問題の中の例題では，フロー式，つまり流れるようにすべての導出の過程を丁寧に記述し，等号の意味がわかるようにしました．さらに，頭の中に物理的イメージを描けるように図を1枚挿入することにしました．自分で図に描けない所が，わからない所，理解していない所である場合が多いのです．

私たちは，良い演習問題を毎日コツコツ解くこと，それが物理学の学習のスタンダードだと考えています．皆さんも，このことを実行することによって，驚くほど物理の理解が深まることを実感することでしょう．

須藤 彰三

岡 真

まえがき

熱力学や統計力学は，物理学の主要な分野であるが，力学，電磁気学，量子力学といった科目とは少し違ったアプローチであるため，とりつきにくいかもしれない．それは，よりどころにする「原理」が，力学ではニュートンの法則，電磁気学ではマクスウェルの方程式，量子力学では正準変数の交換関係と，ミクロなレベルではっきり与えられるのに対し，熱力学ではマクロな現象を対象とし，そこでは熱という「把握できないエネルギー移動形態」を考え，さらにそれが高熱源から低熱源に自発的かつ不可逆的に移動するという，一見とりつくしまのない記述が原理となっているからである．しかし，対象を熱平衡という状態に限定することで物理的な論理が構築され，その抽象性ゆえに集団運動に関して極めてロバストな理論体系になっている．そのように作られた熱力学は対象の具体的な性質によらず，諸熱力学量のあいだに一般的な関係を与えるものである．しかし，具体的な対象への適用には，対象の個性に関する情報が必要になる．統計力学は，個別の対象となる系の熱力学的性質をミクロな力学的情報から導く手法である．

本書は統計力学がどのように成り立っているか，どのように応用されるかについて説明する．各章の最初に，その課題に関する説明を与え，例題では，基礎になる部分の導出を丁寧に与えたつもりであるが，実際にその過程を自分でも確認してみてほしい．発展問題では，関連する話題を与えた．

第１章では，熱力学と統計力学の関係，また統計力学の草分け的存在である気体分子運動論に触れる．第２，３章では，アンサンブル理論に基づいた統計力学の定式化を説明する．第４章では，統計力学を適応する場合に対象となる系をどのようにモデル化し，そのハミルトニアンを与えるかの例を紹介する．

以上の方法の設定，対象のモデル化を行うと，実際の操作は物理量の計算に必要な和をいかにとるか，つまり足し算をどのように行うかという問題に帰着する．しかし，そこでは多くの工夫が必要となる．以降の章では，統計力学の適応例として，理想気体（第５章），２準位系（第６章）の説明，それらの計算で有用な特性関数の考え方（第７章）を説明し，さらに量子系での統計力学の適用方法，応用例（第 8 章），量子系独特な量としての密度行列の考え方（第 9 章）を説明する．さらに，実際の計算で有用な状態密度の考え方を説明し，それを用いて黒体輻射のプランクの輻射公式などに触れる（第 10 章）．さらに，電子気体やボース・アインシュタイン凝縮など興味深い現象に関する量子縮退理想気体について簡単に説明する（第 11 章）．以上の章では本質的に一体問題を扱ったが，系の構成要素のあいだに相互作用がある場合の統計力学的手法を第 12 章以降で説明する．そこでは実際に和をとらなくてはならない状態の数が構成要素の数とともに指数関数的に増大し，計算が困難になる．最初に第 12 章では簡単なスピン系で具体的な例を調べる．そこでは，古典的な 1 次元的系で有効な部分和の方法を導入し，いわゆる転送行列の方法を説明する．さらに，相互作用間に競合がある場合，すべての部分の相互作用を満足させる配置が存在しない状況が生じるフラストレーション系でのエントロピー効果についても説明する（第 13 章）．第 14 章では，相互作用によって引き起こされる相転移の説明と，それを近似的に取り扱う平均場近似について説明する．さらに，最も身近な相転移である気相・液相相転移を第 15 章で説明する．熱平衡相を近似的（期待値としては厳密）に取り扱う方法として，モンテカルロ法とその基礎になるマスター方程式の考え方を第 16 章で説明する．ここまで，平衡状態の統計力学の方法を説明してきたが，最後に外場に対する応答として，久保公式の説明と，電子スピン共鳴 (ESR) などの磁気共鳴への応用を第 17 章で説明する．

本シリーズの，「熱力学」（佐々木一夫著），「量子統計力学」（石原純夫，泉田渉著）に，すでに多くの重要な説明が与えられており，なるべく重複を避けるようにしたが，基本的な問題に関しては，ここでも説明をした．また，本書では，問題設定の形式でいろいろな話題を説明したが，関連する話題については，拙著：「統計力学」（2020　東京図書），「熱力学」（2019　東京図書），「ゆらぎと相転移」（2018　丸善出版）を参考されたい．

執筆を進めて下さり，またいろいろな助言をいただいた監修者の須藤彰三先生，岡真先生に感謝します．また，共立出版編集部にたいへんお世話になりました．

2023 年 5 月　　　　宮下精二

目 次

重要度
★★★

1 熱力学と統計力学

《内容のまとめ》

熱力学は物理学の重要な科目であるが，力学，電磁気学，量子力学などの科目とは異なり，その原理が，具体的な式ではなく，熱力学第1法則（熱という「把握できないエネルギー移動形態」の存在）と熱力学第2法則（熱は高熱源から低熱源に自発的かつ不可逆的に移動するという，一見とりつくしまのない記述）を原理とするため，物理学としてとりつきにくいかもしれない．しかし，対象を熱平衡状態という状態に限定することで，曖昧な記述ではなく，熱と温度に関する物理学的な把握がなされ，エントロピーという概念の導入によって物理的論理体系が構築された．熱力学は，その抽象性ゆえに集団運動に関して極めてロバストな理論体系になっている．

しかし，熱力学の関係は諸熱力学量間の一般的な関係であり，それらを具体的な対象に適用するためには，個別の対象系の情報が必要である．統計力学は，個別の対象となる系のミクロな力学的情報（運動方程式，ハミルトニアン）からその熱力学的性質を導く手法を与えている．

まず，熱力学を簡単に振り返っておこう．熱力学では，熱 ΔQ というエネルギー移動形態があるという熱力学第1法則：

$$\Delta U = \Delta W + \Delta Q \tag{1.1}$$

（ここで，U は系の内部エネルギーで ΔU はその変化を表す．また ΔW は系に加えられた仕事の大きさであり，ΔQ は熱の流入量を表す）と，熱は高熱源から低熱源に自発的かつ不可逆的に移動するとする熱力学第2法則のもとで，温度 T とエントロピー S という熱力学独特の変数を

$$\Delta Q = T\Delta S \tag{1.2}$$

として導入する．それにより，熱平衡状態での諸量の関係である**熱力学の基本方程式**

$$dU = TdS - PdV + \mu dN \tag{1.3}$$

が導かれる．ここで，V は体積，P は圧力であり，$-PdV$ は系に加えられた仕事 ΔW を代表している．もし磁気的な仕事を考える場合には，磁化の大きさを M と磁場 H を用いて $+HdM$ を加える．また，N は粒子数，μ は化学ポテンシャルである．対象とする熱力学的状態（熱平衡状態）を指定する変数は**独立変数**とよばれる．上の場合，系の状態を指定する独立変数を S, V, N としている．このとき，内部エネルギー U はこれらの変数によって与えられる ($U = U(S, V, N)$)．ここで現れる変数，S, V, N, T, P, μ および，U は系の熱平衡状態が決まれば一意的に決まる量であり，**状態量**とよばれる．その変化は，状態間でのそれらの量の差として一意的に決まる．それに対し，熱 ΔQ や仕事 ΔW は個別にはそうでないことに注意しよう．ただし，それらの和は内部エネルギーの変化であり状態間で一意的に決まる．熱力学のエッセンスは，状態量でない熱の移動 ΔQ を式 (1.2) で示したように，状態量である T と S で表した点にある．独立変数を S, V, N ととった場合，T, P, μ は U のエントロピー，体積，粒子数の微分で与えられ，S, V, N の関数である．

$$T = \left(\frac{\partial U}{\partial S}\right)_{V,N}, \quad P = -\left(\frac{\partial U}{\partial V}\right)_{S,N}, \quad \mu = \left(\frac{\partial U}{\partial N}\right)_{S,V} \tag{1.4}$$

熱力学に関するすべての一般的関係は熱力学の基本方程式 (1.3) から導かれる．

現象を考える場合，温度を独立変数に用いることも多い．そこでは，ルジャンドル変換 (Legendre transformation) を用いて独立変数を S, V, N ではなく T, V, N とする．その場合にはヘルムホルツの自由エネルギー (Helmholtz free energy)$F = U - TS$ を考え，式 (1.3) を

$$dF = d(U - TS) = -SdT - PdV + \mu dN \tag{1.5}$$

の形で扱う．ここではエントロピーは独立変数ではなく T, V, N の関数となる．

$$S = S(T, V, N) = -\left(\frac{\partial F}{\partial T}\right)_{V,N} \tag{1.6}$$

熱力学での記述の一例を説明する．たとえば，定圧比熱 C_P と定積比熱 C_V

$$C_P = \left(\frac{\partial U}{\partial T}\right)_P, \quad C_V = \left(\frac{\partial U}{\partial T}\right)_V \tag{1.7}$$

の差は

$$C_P - C_V = T\left(\frac{\partial V}{\partial T}\right)_P \left(\frac{\partial P}{\partial T}\right)_V \tag{1.8}$$

で与えられる（例題 1 参照）．この関係は対象によらず成り立つ一般的な関係である．

しかし，たとえばこの関係が理想気体ではどうなるかを知るためには，V や P の温度依存性を知らなくてはならない．そこで，対象系の具体的情報として，よく知られている単分子からなる理想気体の状態方程式（例題 1 参照）

$$PV = nRT \tag{1.9}$$

（これはボイル・シャルルの法則 (Boyle-Charles' law, combined gas law) として知られているものである）を用いると

$$\left(\frac{\partial V}{\partial T}\right)_P = \frac{nR}{P}, \quad \left(\frac{\partial P}{\partial T}\right)_V = \frac{nR}{V}, \tag{1.10}$$

であるので

$$T\left(\frac{\partial V}{\partial T}\right)_P \left(\frac{\partial P}{\partial T}\right)_V = nR \tag{1.11}$$

となり，1 モル $(n=1)$ あたりの定圧比熱と定積比熱では

$$C_P - C_V = R \tag{1.12}$$

とマイヤーの関係式 (Mayer's relation) が得られる．その関係は，理想気体という物質の性質であって，熱力学の一般的性質からだけでは求められない．

このように，熱力学の一般的関係は式 (1.3) で与えられるが，それを具体的

な対象に適用しようとすると，対象の個性を表す情報が必要となる．つまり，式 (1.4) の関数形を具体的に与える必要がある．これらの関係 (1.4) は**状態方程式**とよばれる．統計力学は，系のミクロな力学的情報からこの状態方程式を導くものである．

系のミクロな情報は系のハミルトニアンで与えられる．対象の熱力学的性質を知るためにどのようなハミルトニアンを用いるのが適切かを考察することが重要であり，対象のモデル化（第 4 章）とよばれる．本書では，与えられたハミルトニアンのもとで熱平衡での物理量を具体的にどのように求めるかについての方法を第 5 章以降で説明する．

統計力学の一般的な定式化は次章以降で行うが，まず最初に，この章ではミクロな描像からマクロな状態方程式を導く例として，理想気体の状態方程式を粒子の運動から導く気体分子運動論を紹介する．

例題 1　理想気体の状態方程式とマイヤーの関係

1. 熱力学的関係 (1.8) を導け.
2. 一辺が L の立方体の容器の中に閉じ込められた質量 m の粒子の運動が壁に与える力積を求めよ（図 1.1）. それを用いて理想気体の状態方程式を求めよ（気体分子運動論）. ただし, 温度 T を内部エネルギーが

$$U = \frac{3}{2}k_{\mathrm{B}}TN \tag{1.13}$$

で与えられる値で定義する. ここで N は粒子数である.

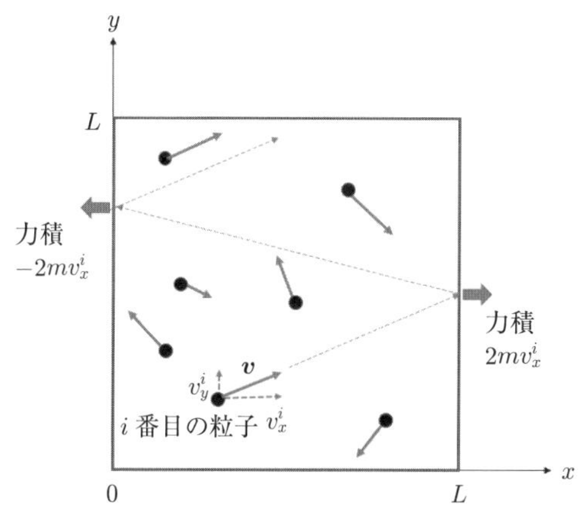

図 1.1: 容器の中の粒子による圧力

考え方

熱力学では平衡状態での物理量のあいだの多様な一般的関係を与える. その一例として, 体積を一定にした場合と圧力を一定にした場合の比熱の差がどのように与えられるかを偏微分の一般的関係から導く. また, 統計力学の一般的定式化の前に, 理想気体の特徴を与える状態方程式を, 直感的にわかりやすい気体分子運動論での粒子が壁で反射されるときに与える力積から求める.

‖解答‖

ワンポイント解説

1. 定圧比熱，定積比熱は

$$C_P = \left(\frac{\partial U}{\partial T}\right)_P = T\left(\frac{\partial S}{\partial T}\right)_P,$$
$$C_V = \left(\frac{\partial U}{\partial T}\right)_V = T\left(\frac{\partial S}{\partial T}\right)_V \qquad (1.14)$$

である．関数 $X = X(Y, Z)$ の偏微分において，固定する変数 Z を $A = A(Y, Z)$ に変えるときに便利な偏微分の一般的公式（発展問題 1-1 参照）

$$\left(\frac{\partial X}{\partial Y}\right)_Z = \left(\frac{\partial X}{\partial Y}\right)_A + \left(\frac{\partial X}{\partial A}\right)_Y \left(\frac{\partial A}{\partial Y}\right)_Z \qquad (1.15)$$

に，$X = S$，$Y = T$，$Z = P$，$A = V$ を代入すると

$$\left(\frac{\partial S}{\partial T}\right)_P = \left(\frac{\partial S}{\partial T}\right)_V + \left(\frac{\partial S}{\partial V}\right)_T \left(\frac{\partial V}{\partial T}\right)_P \qquad (1.16)$$

である．ここで，$F = U - TS(dF = -SdT - PdV + \mu dN)$ に関するマクスウェルの関係を用いると，式 (1.16) は

・$\left(\frac{\partial S}{\partial V}\right)_T = \frac{-\partial^2 F}{\partial V \partial T} = -\frac{\partial^2 F}{\partial T \partial V} = \left(\frac{\partial P}{\partial T}\right)_V$

$$\left(\frac{\partial S}{\partial T}\right)_P = \left(\frac{\partial S}{\partial T}\right)_V + \left(\frac{\partial P}{\partial T}\right)_V \left(\frac{\partial V}{\partial T}\right)_P \qquad (1.17)$$

である．この式に T をかけると式 (1.14) より

$$C_P = C_V + T\left(\frac{\partial P}{\partial T}\right)_V \left(\frac{\partial V}{\partial T}\right)_P \qquad (1.18)$$

が得られる．

2. 容器の中に N 個の質量 m の粒子が閉じ込められているとする．それぞれの粒子は互いに相互作用していないので，その中の i 番目の粒子による効果を考える．i 番目の粒子の速度を (v_x^i, v_y^i, v_z^i) とする．x 方向の速度は v_x^i であるので，yz 面の壁で跳ね返されるときの壁に与える力積は $2mv_x^i$ である．また，次に衝突するまでの時間は $2L/v_x^i$ であるので単位

時間あたりの力積は

$$\frac{2mv_x^i}{2L/v_x^i} = \frac{m(v_x^i)^2}{L} \tag{1.19}$$

である．単位面積あたりの力積である圧力 P_i は

$$P_i = \frac{1}{L^2}\frac{m(v_x^i)^2}{L} = \frac{m(v_x^i)^2}{V} \tag{1.20}$$

である．すべての粒子からの圧力は

$$P = \sum_i P_i = \frac{N}{V}m\langle(v_x^i)^2\rangle \tag{1.21}$$

である．

・ここで，$\langle\cdots\rangle$ はすべての粒子での平均を意味する．

また，エネルギーは

$$E = \frac{m}{2}\sum_i \left((v_x^i)^2 + (v_y^i)^2 + (v_z^i)^2\right) \tag{1.22}$$

である．このとき，粒子の内部エネルギーは

$$E = \frac{3}{2}Nk_{\mathrm{B}}T \tag{1.23}$$

であるので，理想気体の状態方程式は

$$PV = Nk_{\mathrm{B}}T = nRT, \tag{1.25}$$

$$n = \frac{N}{N_{\mathrm{av}}}, \quad R = k_{\mathrm{B}}N_{\mathrm{av}},$$

$$N_{\mathrm{av}} = 6.02\times 10^{23}\,(\text{アボガドロ数}) \tag{1.26}$$

となる．

・この関係は，粒子の運動エネルギーの各成分の平均によって温度が

$$\frac{m}{2}\langle(v_x^i)^2\rangle = \frac{m}{2}\langle(v_y^i)^2\rangle = \frac{m}{2}\langle(v_z^i)^2\rangle = \frac{1}{2}k_{\mathrm{B}}T \tag{1.24}$$

で与えられると考えている．

例題 1 の発展問題

1-1. 偏微分の一般的性質 (1.15) を導け．

重要度
★★★

2　統計力学の定式化：等重率の原理とボルツマンの原理

《内容のまとめ》

統計力学は，前章で見たように対象とする系のミクロな情報から，物理量の温度変化を求める手法である．例題1では，粒子の運動による壁での圧力を考え，理想気体の圧力と温度の関係を導いた（気体分子運動論）．このように，系の具体的な力学的運動を直接用いる方法は一般には難しく，より統一的な定式化が必要となる．そこで導入されたのが，運動の長時間平均と位相空間（位置，運動量）における等エネルギー状態での平均が等しいとする仮定のもとで平均値を力学的な運動からではなく，位相空間での平均に置き換えるという方法である．この過程を正当化するために，力学的運動の位相空間における軌跡は位相空間の等エネルギー状態のすべての点の近傍を通過するというエルゴード性 (ergodicity) の関係（エルゴード仮説 (ergodic theory)）が用いられた．この仮説の正当化に関しては現在も盛んに研究が進められている．

また，任意の初期状態が熱平衡状態に緩和するか否かも重要な問題であり，ボルツマンによって，情報の縮約によってそのようなことが可能であることが示されている（ボルツマンのH定理 (Boltzmann's H theorem)）．しかし，本書では主に熱平衡状態での統計力学の説明をし，最後に状態の緩和に関するマスター方程式や線形応答理論について簡単に触れる．

統計力学はマクロな系の集団的性質をミクロな情報である系のハミルトニアンから求める方法である．その原理，つまり統計力学のよりどころはマクロに区別がつかない状態は同じ確率で現れるという等重率の原理である．特に情報がない場合，エネルギーが同じ状態は同じ確率で現れるとする．

この考え方は，孤立系の力学的運動ではエネルギーが保存し，長い時間のあいだには同じエネルギーをもつすべての状態が現れ，物理量の長時間平均は等エネルギー状態の平均で表せるというエルゴード仮説に起因している．実際には運動によってすべての状態を実現するには非常に長い時間がかかり，現実の熱平衡状態での平均値の測定が瞬間的になされる事実とは異なるが，同じエネルギーをもつミクロな状態が等確率で現れるとする等重率の原理を統計力学の原理とする．この原理の背景に関しては現在非常に興味が持たれ，固有状態熱化仮説 (ETH,Eigenstate thermalization hypothesis) などの問題として盛んに研究が進んでいる．一般的な観点からみれば，統計力学が対象とする系は，系を半分にしてもそれぞれが同じ熱平衡状態とみなさせるという，いわゆる示量性（系の大きさを n 倍にすると，エネルギーなどが n 倍になり，エネルギー密度などが系の大きさによらず一定になるという性質）が重要な役割をしていると考えられるが，この問題に関しては本書では触れない．

統計力学を考えるにあたって，まずマクロな状態でのある物理量 A の平均値について整理しておく．系のとりうるミクロな状態 i での A の値を $A(i)$ とする．その状態の出現確率を $p(i)$ とすると，物理量 A の平均値は，その確率での期待値として

$$\langle A \rangle = \sum_{\text{すべての状態 } i} p(i)A(i), \quad \text{ただし，} \sum_{\text{すべての状態 } i} p(i) = 1 \tag{2.1}$$

で与えられる．さてここで，まずミクロな状態とは何であるか，また全体で何通りの状態があるかを考えよう．

たとえば，区別できるコインが 10 枚あり，それぞれが独立に表裏の 2 通りの状態をとるとする．この場合，状態は各コインの表裏で与えられ，全体の状態数 W は

$$W = 2^{10} = 1024 \tag{2.2}$$

である．このように，離散的な状態をとる系での状態，状態数は自明である．

それに対し，状態が連続的に存在する場合，たとえば，長さ 10 cm の区間にある粒子の状態数は何通りかということは決められない．あえて言うと無

限大である．そのような場合，ある点 x に粒子がいる確率は 0 であるが，場所 x から $x+dx$ の区間にある確率は，確率密度 $P(x)$ を用いて $P(x)dx$ と表現される．そのため，連続体ではあるメッシュ（領域）を考え，その中に粒子がいる場合を 1 つの状態として数えることにする．つまり，10 cm の区間は 1 mm を状態を定義するメッシュの大きさとすると，100 状態ということになる．このように定義して決めた状態数は当然メッシュの大きさに依存する．このことは，速度についても同様である．運動を考えるうえで，粒子の状態は位置 x と運動量 p で与えられる．解析力学では，この (x,p) の組を正準変数とよび，それらで張られる集合を**位相空間**とよぶ（この位相空間という言葉は，いろいろな所でいろいろな意味で使われるので注意しよう．たとえば，数学の解析を勉強している人は，そこでの位相空間とは全く違うコンセプトであるので，混乱しないように）．解析力学のリュービルの定理によると，ある時間に設定した位相空間の領域の体積 $\Delta x\Delta p$ は，運動によって状態が変わっても，その体積変化しないことがわかっている（解析力学教科書参照[1]）．このことから，状態数は位相空間での体積 $\Delta x\Delta p$ に比例してとるのが妥当であると考えられる．そこで，1 状態に相等する位相空間での単位体積 $C=\delta x\delta p$ を導入する．3 次元空間に 1 個の粒子が入っている系の位相空間は粒子の状態 $(\boldsymbol{x}=(x,y,z),\boldsymbol{p}=(p_x,p_y,p_z))$ からなる 6 次元の空間であり，そこでの 1 状態に相等する位相空間での単位体積は $C^3(=\delta x\delta y\delta z\delta p_x\delta p_y\delta p_z=\boldsymbol{\delta x\delta p})$ である．3 次元空間に N 個の粒子が入っている場合には位相空間は $6N$ 次元の超空間であり，その超体積を $\mathcal{V}$ とするとその状態数 $W(E)$ は

$$W(E)=\frac{\mathcal{V}}{C^{3N}} \tag{2.3}$$

である．ここで C をどのようにとるかに関する曖昧さは，固有状態の数を数える量子力学的な解析では解消され，$C=h$（プランク定数）であることがわかる（後節式 (8.20)）．

統計力学では，同じエネルギーをもった状態がいくつあるかが重要になる．そこで，エネルギー E をもつ状態数を $W(E)$ として調べる．上のコインの場合，たとえば表裏のエネルギーが同じ (ε) 場合，エネルギーはどの状態でも

[1]たとえば，「解析力学」，綿村哲，本シリーズ 17，須藤彰三，岡　真（監修）共立出版 (2023)，「解析力学」，宮下精二，裳華房 (2000) など．

10ε であり，その状態数は $W(E = 10\varepsilon) = 2^{10}$ となる．その他のエネルギーの状態数は $W(E \neq 10\varepsilon) = 0$ である．また，表裏のエネルギーがそれぞれ $\pm\varepsilon$ である場合，エネルギーが 0 の状態は表裏の数が等しいときであり $W(E = 0) = {}_{10}C_5 = 252$ となる．また，すべて表の状態の状態数は $W(E = 10\varepsilon) = {}_{10}C_{10} = 1$ などである．このように離散的な状態の場合，状態数は自明に決まる．

それに対し，$6N$ 次元の位相空間でエネルギー E をもつ領域は $(6N-1)$ 次元の等エネルギー面であり，体積は 0 である．そのため，式 (2.3) の定義を適用すると 0 になってしまう．そこで，エネルギーが E から $E + \Delta E$ のあいだにある体積，つまり，等エネルギー面の面積 $A(E)$ に ΔE をかけた運動量空間での体積に位置空間からの寄与 V^N をかけた位相空間での体積 $\mathcal{V}(E \sim E + \Delta E) = V^N A(E)\Delta E$ を考え，その領域の状態数を $W(E) = \mathcal{V}(E \sim E + \Delta E)/C^{3N}$ とする．このように連続変数の場合，少し面倒であるが，統計力学では，状態数の比が重要になるので，このメッシュの大きさ C や ΔE は，十分小さければ任意である．

孤立した系ではエネルギーが保存するので，すべての状態は同じエネルギー E をもつ．そのため，等重率の原理により孤立した系での平衡状態での各状態の出現確率 $p(i)$ はすべて等しい．これにより，エネルギー $E \sim E + \Delta E$ をもつ状態数を $W(E)$ とすると，$p(i)$ は

$$p(i) = \frac{1}{W(E)} \tag{2.4}$$

で与えられる．このように，エネルギーが保存する孤立系の熱平衡状態での状態の集団（あるいは集合）を**ミクロカノニカル集団**（あるいは，**ミクロカノニカル集合**）とよぶ．

この集団を単独で考える場合には「温度」という概念は存在しない．温度は異なる孤立系が熱的なやりとり（エネルギーの交換）をする状況を考えることで定義される．その関係はボルツマンの原理 (**Boltzmann's principle**) とよばれ，熱力学でのエントロピーと状態数の関係

$$S(E) = k_{\mathrm{B}} \ln W(E), \quad \frac{1}{T} = \left(\frac{\partial S}{\partial E}\right)_{V,N} \tag{2.5}$$

として与えられる（例題 2 参照）.

ここで注意すべき点として，上でメッシュの大きさ C や ΔE への依存性は重要でないと書いたが，式 (2.5) の関係から定義されるエントロピーは状態数の絶対値による．そのため，エントロピーの値はメッシュの大きさや ΔE による付加的な定数（場合によっては無限大）の不定性が残る．その場合にも，異なる状態でのエントロピーの差は一意的に決まる．

ただし，量子系を考える場合には，本書では必ず系を有限の大きさに閉じ込めて考えるので，状態は常に束縛状態でありエネルギーは離散的である．そのため，連続系での面倒な問題はなくなり，熱力学第 3 法則（基底状態でのエントロピーは 0）が成立する．

例題 2　温度の定義とボルツマンの原理

1. 2 つの系が熱的に接しており，全体として平衡状態になっている状態を，等重率の原理に基づく最大確率の状態とみなし，平衡にあるための条件を求めよ．ただし，接触部分からの寄与は小さいとして無視してよい．
2. 前問で求めた条件を，理想気体では状態数のエネルギー依存性 $W_{理想気体}(E)$ がほぼ $E^{3N/2}$ に比例すること（発展問題 2-1 参照），および理想気体においてエネルギーと温度の関係が $E = 3Nk_{\mathrm{B}}T/2$ で与えられることを用いて，具体的に温度と関係づけよ．それから，統計力学における温度と状態数 $W(E)$ の一般関係を求めよ．
3. 孤立系においてエネルギー E をとる状態数を $W(E)$ とするとき，それと系のエントロピー $S(E)$ の関係を与えるボルツマンの原理

$$S(E) = k_{\mathrm{B}} \ln W(E) \tag{2.6}$$

を導け．

考え方

2 つの孤立系を考え，それぞれのエネルギーを E_1，E_2 とする．また，それぞれの系での状態数のエネルギー依存性を $W_1(E_1)$，$W_2(E_2)$ とする．このとき，2 つの系をまとめて 1 つの系として見た場合，全系のエネルギーは $E = E_1 + E_2$ で，その状態数は $W_1(E_1)W_2(E_2)$ となる．両系の全体をみると，そのあいだでエネルギーが交換されても，全系のエネルギーは一定 E であるので，系全体はミクロカノニカル集団とみなせる．そこで，全系の状態数 $W(E)$，$E = E_1 + E_2$ が最大になる場合がエネルギーの交換が許されている場合の全系の熱平衡状態と考え，$W(E) = W_1(E_1)W_2(E_2 = E - E_1)$ が最大になる条件を求める．熱力学では，熱をやりとりできる系のあいだの平衡条件は温度が釣り合っていることであったので，上の条件から，状態数と温度の関係を求めることを考える．

‖解答‖

1.　それぞれの系のエネルギーが E_1^0，E_2^0 の場合，全系のエネルギーは

$$E = E_1^0 + E_2^0 \tag{2.7}$$

であり，全体の状態数は

$$W(E) = W_1(E_1^0)W_2(E_2^0) \tag{2.8}$$

である．2つの系が接触してエネルギー（熱）を交換できる場合，エネルギー ΔE を交換をしたとき，それぞれの系のエネルギーは

$$E_1 = E_1^0 + \Delta E \quad E_2 = E_2^0 - \Delta E \tag{2.9}$$

である（図 2.1）．このときの全体の状態数は

$$W(E) = W_1(E_1^0 + \Delta E)W_2(E_2^0 - \Delta E) \tag{2.10}$$

である．

熱平衡状態は状態数を最大にする場合であるので，式 (2.10) を ΔE で微分する．最大値で微分は0となるので

$E = E_1 + E_2$

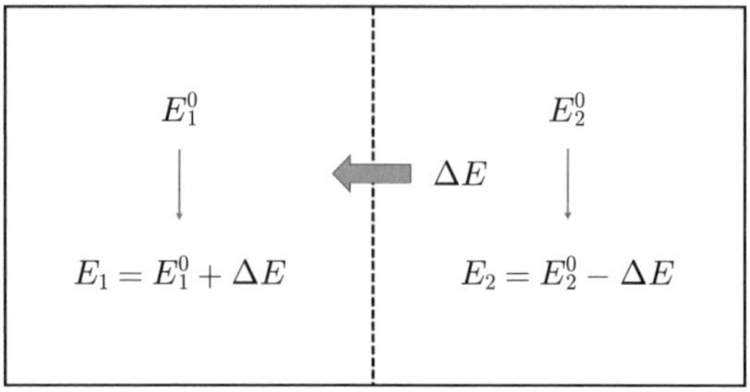

E_1^0　E_2^0

ΔE

$E_1 = E_1^0 + \Delta E$　$E_2 = E_2^0 - \Delta E$

図 2.1: 2つの系でのエネルギーのやりとり

ワンポイント解説

・接触による状態数の変化は無視している．系1，系2ともに巨視的な大きさをもち，その性質は接触によって変わらない．補正項を C_{12} として取り入れても，以後の計算で重要になる $\ln W(E)$ が系の大きさに比例するのに対し $\ln C_{12}$ は接触部の大きさに比例するので系の大きさが大きくなると無視できる．

$$\frac{dW(E)}{d\Delta E} = \left.\frac{dW_1(E')}{dE'}\right|_{E'=E_1+\Delta E} W_2(E_2^0 - \Delta E) - W_1(E_1^0 + \Delta E) \left.\frac{dW_2(E')}{dE'}\right|_{E'=E_2-\Delta E} = 0 \tag{2.11}$$

である．この両辺を $W_1(E_1)W_2(E_2)$ で割ると

$$\frac{\left.\frac{dW_1(E)}{dE}\right|_{E=E_1}}{W_1(E_1)} = \frac{\left.\frac{dW_2(E)}{dE}\right|_{E=E_2}}{W_2(E_2)} \tag{2.12}$$

となる．これより，熱的に平衡になるのは

$$\left.\frac{d\ln W_1(E)}{dE}\right|_{E=E_1} = \left.\frac{d\ln W_2(E)}{dE}\right|_{E=E_2} \tag{2.13}$$

が条件である．

上式の左辺，右辺はそれぞれ，系 1 と系 2 だけの情報で決まる量である．そのため，この量，つまり状態数の対数微分が 2 つの系で等しくなることが，それらの系でのエネルギーの釣り合い，つまり熱をやりとりできる場合の平衡の条件であることがわかる．

2. 熱の交換が許された 2 つの系が熱平衡状態にある平衡の条件は，両系の温度が等しいことがであることを思い出すと，式 (2.13) がその条件になるためには状態数の対数微分が温度の一意的関数 $f(T_i)$ でなくてはならない．

$$\left.\frac{d\ln W_i(E)}{dE}\right|_{E=E_i} = f(T_i) \tag{2.14}$$

ここで，関数 $f(T_i)$ は単調関数であればどのようにとってもよい．そこで，熱力学で用いた気体温度に合うように $f(T_i)$ を決める．そこでは理想気体の内部エネルギーは

$$U = E = \frac{3}{2}RT \tag{2.15}$$

で与えられる．

R は気体定数で R=8.31 J/K．この値はボルツマン定数 (k_B=1.38 × 10^{-23} J/K) にアボガドロ数 (N_a = 6.02×10^{23}) をかけたものになっている．n は粒子数をモルの単位で計ったもの．

理想気体の状態数の関数 $W_{理想気体}(E)$（発展問題 2-1 参照）がほぼ $E^{3N/2}$ に比例することを用いる

と

$$\frac{d\ln W_{理想気体}(E)}{dE} = \frac{3N}{2E} + o(N) \qquad (2.16)$$

である．ここで $o(N)$ は N が大きくなると無視できる量を表す（ここで考えている粒子数 N は1モルあたりアボガドロ数 6.02×10^{23} という膨大な数である）．

熱力学での温度の定義は，気体温度計の温度と一致するように決めた．そこで統計力学においてもそれと同じになるように温度を定義する．そのため，統計力学での温度を定義する $f(T)$ を，熱力学での関係 (2.15) を用い

$$f(T) = \frac{d\ln W\ (E)}{dE} = \frac{3N}{2E} = \frac{N}{RT} = \frac{1}{k_{\mathrm{B}}T} \qquad (2.17)$$

・$Nk_B = R$

とする．これから統計力学温度を状態数 $W(E)$ を用いて

$$\frac{d\ln W\ (E)}{dE} = \frac{1}{k_{\mathrm{B}}T} \qquad (2.18)$$

と決める．理想気体以外の物質の温度に関しては，理想気体を温度計として用いて決めることができるため，すべての系で，この式で統計力学温度が決められる．

3. ここで，式 (2.18) と熱力学でのエントロピーと温度の関係式の比較：

$$k_{\mathrm{B}}\frac{d\ln W\ (E)}{dE} = \frac{1}{T} \Longleftrightarrow \left(\frac{\partial S}{\partial E}\right)_{V,N} = \frac{1}{T} \qquad (2.19)$$

・この関係はボルツマンの原理とよばれる．ここでは，この関係を等重率の原理から導いたが，この関係を統計力学の原理として，統計力学を始める場合もある．

から

$$S(E) = k_{\mathrm{B}}\ln W(E) \qquad (2.20)$$

の関係にあることがわかる．

例題 2 の発展問題

2-1. 体積 V の容器に閉じ込められた，質量 m の粒子 N 個からなる理想気体の位相空間の体積を，d 次元超球の体積の表式を用いて求め，エネルギー E での状態数 $W(E)$ を求めよ．階乗 $N!$ に関する公式としてここで，ガンマ関数 ($\Gamma(n+1) = n!$) の性質（スターリングの公式 (Stirling's formula)）

$$\Gamma(x) \simeq \sqrt{2\pi}x^{x+1/2}e^{-x}, \quad \ln\Gamma(x) \simeq x\ln x - x, \quad x \gg 1 \tag{2.21}$$

を用いてよい．

2-2. 上で求めた $W(E)$ での理想気体のエントロピー $S(E)$ を求めよ．

重要度
★★★

3　カノニカル集団とグランドカノニカル集団

《内容のまとめ》

前章で説明したミクロカノニカル集団では，孤立系での状態（同じエネルギーをもつ）に関する等重率の原理に基づき，2つの孤立系が熱的に接触した場合の合成系の状態数を最大にする条件から，各系の状態数 $W(E)$ と系のエントロピー $S(E)$ の関係を導出した．ミクロカノニカル集団では，系はエネルギー的に孤立しており，状態設定での独立変数は，系のエネルギー E，系の体積 V，系に含まれる粒子数 N であった．

エネルギー E を独立変数にする代わりに，系の温度 T を独立変数にする方法としてカノニカル集団の方法がある．そこでは系は温度 T の熱浴 (heat bath) と接し，系は熱浴とエネルギーのやりとりをするので，エネルギーの値は変化する．そのため，エネルギーの平均を温度 T の関数として求めることになる．カノニカル集団での，独立変数は，温度 T（= 熱浴の温度)，系の体積 V，系に含まれる粒子数 N である．

さらに，粒子数 N の代わりに，化学ポテンシャル μ を独立変数にする場合，グランドカノニカル集団の方法とよばれる．この場合，系は外部の化学ポテンシャル μ の粒子浴 (particle bath) と接し，粒子数 N は変化する．この集団では，粒子数 N は変化し，その平均を独立変数，T（= 熱浴の温度)，V，μ（= 粒子浴の化学ポテンシャル）の関数として求める．

例題 3　カノニカル集団，グランドカノニカル集団での状態の出現確率

1. 温度 T の熱浴と接している系がエネルギー E をもつ確率を求めよ．
2. 温度 T の熱浴と接している系でエネルギー E をもつ各状態の出現確率を求めよ．
3. 系が，エネルギーおよび粒子を交換できる粒子浴と接している場合に，エネルギー E, 粒子数 N をもつ状態の出現確率を求めよ．ただし，粒子浴の温度を T，化学ポテンシャルを μ とする．
4. 熱力学でのグランドポテンシャル $J = -PV$ とグランドカノニカル集団の関係を求めよ．

考え方

ミクロカノニカル集団にある全系を，注目系と温度を指定した熱浴部分に分けて考える．さらに，グランドカノニカル集団では化学ポテンシャルを指定した粒子浴も考える．等重率の原理がどのようにエネルギーや粒子数が変化する集団に適用されていくかを見ていこう．

‖解答‖

1. 全系は孤立系であり，そのエネルギーを E とする．ここで系を注目系としての系 A とそれよりはるかに大きい系 B の 2 つに分け，系 A のエネルギーを E_{A} する．その場合を系 B のエネルギー $E_{\mathrm{B}} = E - E_{\mathrm{A}}$ である．系 A がエネルギー E_{A} をもつ状態数を $W_{\mathrm{A}}(E_{\mathrm{A}})$，系 B がエネルギー E_{A} をもつ状態数を $W_{\mathrm{B}}(E_{\mathrm{B}})$ とするとき，全系の状態数は $W_{\mathrm{A}}(E_{\mathrm{A}})W_{\mathrm{B}}(E_{\mathrm{B}})$ である．全系の状態数は $W(E)$ は，すべての分解に関する和 $\sum_{E_{\mathrm{A}}} W_{\mathrm{A}}(E_{\mathrm{A}})W_{\mathrm{B}}(E_{\mathrm{B}})$ であり，系 A がエネルギー E_{A} をもつ確率は，全系での等重率の原理から

$$P(E_{\mathrm{A}}) = \frac{W_{\mathrm{A}}(E_{\mathrm{A}})W_{\mathrm{B}}(E - E_{\mathrm{A}})}{W(E)} \qquad (3.1)$$

となる．この関係を，ボルツマンの原理を用いて書

ワンポイント解説

・ここでも，接触部分からの寄与は無視できるとする．

き直す．$E_{\mathrm{B}} = E - E_{\mathrm{A}}$ であるので

$$W_{\mathrm{B}}(E_{\mathrm{B}}) = e^{S_{\mathrm{B}}(E-E_{\mathrm{A}})/k_{\mathrm{B}}} \tag{3.2}$$

であり，系Bは十分大きく，$E_{\mathrm{B}} \gg E_{\mathrm{A}}$ として E_{A} に関して展開すると

$$S_{\mathrm{B}}(E - E_{\mathrm{A}}) \simeq S_{\mathrm{B}}(E) - \frac{dS_{\mathrm{B}}}{dE}E_{\mathrm{A}} = S_{\mathrm{B}}(E) - \frac{1}{T_{\mathrm{B}}}E_{\mathrm{A}} \tag{3.3}$$

であるので

$$P(E_{\mathrm{A}}) \propto W_{\mathrm{A}}(E_{\mathrm{A}}) \exp\left(-\frac{E_{\mathrm{A}}}{k_{\mathrm{B}}T_{\mathrm{B}}}\right) \tag{3.4}$$

が得られる．

ここでわかるように温度 T_{B} の熱浴に接している系の温度は T_{B} であるが，通常，熱平衡状態では，単に T で表す．

・ここで，系Bは十分大きいため，系Aとエネルギーをやりとりしてもその温度は変わらないものとする．

$$P(E_{\mathrm{A}}) \propto W_{\mathrm{A}}(E_{\mathrm{A}}) \exp\left(-\frac{E_{\mathrm{A}}}{k_{\mathrm{B}}T}\right) \tag{3.5}$$

2. $P(E_{\mathrm{A}})$ は系がエネルギー E_{A} をもつ確率である．系の状態の中でエネルギー E_{A} をもつそれぞれ個別の状態 i が現れる確率 $p(i)$ は，等重率の原理によって同じであるので

$$p(i) = \frac{P(E_{\mathrm{A}})}{W_{\mathrm{A}}(E_{\mathrm{A}})} \propto e^{-\beta E_{\mathrm{A}}}, \quad \beta = \frac{1}{k_{\mathrm{B}}T} \tag{3.6}$$

・この分布はカノニカル分布とよばれる．

となる．ここで $E_i = E_{\mathrm{A}}$ であるので，エネルギー E_{A} をもつ各状態の出現確率は

$$p(i) = \frac{e^{-\beta E_i}}{Z}$$

である．ここでの Z は確率の規格化

$$\sum_{\text{すべての状態 } i} p(i) = 1 \tag{3.7}$$

のための因子であり

$$Z = \sum_{\text{すべての状態 } i} e^{-\beta E_i} \tag{3.8}$$

で与えられる．

・ここで現れた Z は**分配関数 (partition function)** とよばれ，例題 4 で説明するように統計力学の計算で役に立つものである．

3. 系が，エネルギーおよび粒子を交換できる粒子浴と接している場合，全系を注目系 A とそれよりはるかに大きい系 B に分け，それらのあいだの熱，および粒子の交換を許す．ここで，系 B を熱・粒子浴とみなす．全系での等重率の原理によって，注目系 A が，エネルギー E_A，粒子数 N_A をもつ確率を求める．全系のエネルギー，粒子数を

$$E = E_\mathrm{A} + E_\mathrm{B}, \quad N = N_\mathrm{A} + N_\mathrm{B} \tag{3.9}$$

とし，その状態数を $W(E, N)$ とする．

系 A のエネルギーが E_A，粒子数が N_A をもつ場合の状態数を $W_\mathrm{A}(E_\mathrm{A}, N_\mathrm{A})$，系 B のエネルギーが E_B，粒子数が N_B をもつ場合の状態数を $W_\mathrm{B}(E_\mathrm{B}, N_\mathrm{B})$ とする．その場合の状態数は $W_\mathrm{A}(E_\mathrm{A}, N_\mathrm{A})W_\mathrm{B}(E_\mathrm{B}, N_\mathrm{B})$ に比例するので

$$P(E_\mathrm{A}, N_\mathrm{A}) = \frac{W_\mathrm{A}(E_\mathrm{A}, N_\mathrm{A})W_\mathrm{B}(E - E_\mathrm{A}, N - N_\mathrm{A})}{W(E, N)} \tag{3.10}$$

である．この確率が最大になるような $E_\mathrm{A}, N_\mathrm{A}$ を求める．

カノニカル集団の方法の導出の場合と同じように $E_\mathrm{A}, N_\mathrm{A}$ に関して

$$S_\mathrm{B}(E_\mathrm{B}, N_\mathrm{B}) = S_\mathrm{B}(E - E_\mathrm{A}, N - N_\mathrm{A}) \tag{3.11}$$

を展開する．系 B での温度，化学ポテンシャルを

$$\frac{\partial S_{\mathrm{B}}(E_{\mathrm{B}}, N_{\mathrm{B}})}{\partial E_{\mathrm{B}}} = \frac{1}{T}, \quad \frac{\partial S_{\mathrm{B}}(E_{\mathrm{B}}, N_{\mathrm{B}})}{\partial N_{\mathrm{B}}} = -\frac{\mu}{T} \tag{3.12}$$

とすると

$$S_{\mathrm{B}}(E - E_{\mathrm{A}}, N - N_{\mathrm{A}}) \simeq S_{\mathrm{B}}(E, N) - \frac{1}{T}E_{\mathrm{A}} + \frac{\mu}{T}N_{\mathrm{A}} \tag{3.13}$$

である．温度 T，化学ポテンシャル μ で熱平衡状態にある系では，エネルギー E_i，粒子数 N_i をもつ状態 i の出現確率は

$$p(i) = \frac{1}{\Xi}e^{-\beta E_i + \beta\mu N_i}, \qquad \Xi = \sum_{\text{すべての状態 } i} e^{-\beta E_i + \beta\mu N_i} \tag{3.14}$$

で与えられる．

- この分布はグランドカノニカル分布とよばれる．
- ここで現れた Ξ は大分配関数 **(ground partition function)** とよばれる．

4. 大分配関数での和を，エネルギー E，粒子数 N ごとにまとめて書き直すと

$$\begin{aligned}\Xi &= \sum_{N=0}^{\infty}\sum_{E} e^{-\beta E}W_N(E)e^{\beta\mu N} \\ &= \sum_{N=0}^{\infty}\sum_{E} e^{-\beta E + \frac{1}{k_{\mathrm{B}}}S(E) + \beta\mu N}\end{aligned} \tag{3.15}$$

となる．ここで，和において最も寄与するエネルギー E，粒子数 N の値を E^*, N^* とする．熱平衡状態ではエネルギーや粒子数の分布が非常に鋭く，確定値になることから和をそこでの寄与に置き換えると

$$\Xi \simeq e^{-\beta(E^* - TS(E) - \mu N^*)} = e^{\beta PV} \tag{3.16}$$

となる．

- この関係から

$$\begin{aligned}J &= F - \mu N \\ &= -PV \\ &= -k_{\mathrm{B}}T\ln\Xi\end{aligned} \tag{3.17}$$

の関係にあることがわかる．

例題 3 の発展問題

3-1. 熱力学では T, P, N を独立変数にするギブスの自由エネルギー (Gibbs free energy)

$$G = F + PV, \quad dG = -SdT + VdP + \mu dN \tag{3.18}$$

をよく用いる．これは系の体積が可変で圧力で体積を制御する集団である．この集団での分配関数に相当する量を求めよ．

例題 4　カノニカル集団での物理量の平均値と分配関数の役割

1. カノニカル集団でのエネルギーの平均の表式を分配関数を用いて与えよ．
2. カノニカル集団での一般の物理量 A の平均の表式を分配関数を用いて与えよ．
3. 物理量 A の平均の共役な変数 a に対する応答 $\partial\langle A\rangle/\partial a$ と物理量 A のゆらぎ $\langle A^2\rangle - \langle A\rangle^2$ の関係を求めよ．
4. ヘルムホルツの自由エネルギーと分配関数の関係を求めよ．

考え方

例題 3 で説明したように，カノニカル集団での個別の状態 i の出現確率はボルツマン因子 $e^{-\beta E_i}$ で与えられるので，温度 T での熱平衡状態での物理量はその確率で平均をとれば求まる．カノニカル集団の方法はそれに尽きるのであるが，実際の計算を行ううえで，分配関数をうまく使うことで便利な定式化がある．その方法を説明する．

‖解答‖

ワンポイント解説

1. エネルギーの平均値は

$$\langle E\rangle = \frac{\sum_{\text{すべての状態 } i} E_i e^{-\beta E_i}}{\sum_{\text{すべての状態 } i} e^{-\beta E_i}} \tag{3.19}$$

である．ここで分配関数の β に関する微分が

$$\frac{\partial}{\partial\beta}Z(\beta) = -\sum_{\text{すべての状態 } i} E_i e^{-\beta E_i} \tag{3.20}$$

であることを用いると

$$\langle E\rangle = -\frac{\frac{\partial}{\partial\beta}Z(\beta)}{Z(\beta)} = -\frac{\partial}{\partial\beta}\ln Z(\beta) \tag{3.21}$$

で与えられる．

2. 外場 a がないときのハミルトニアン $\mathcal{H}_0$ に，外場 a

による寄与を含めたハミルトニアンを考える．

$$\mathcal{H} = \mathcal{H}_0 - aA \tag{3.22}$$

この系の分配関数は，状態 i での $\mathcal{H}_0$ の値を $E_0(i)$，A の値を $A(i)$ として

$$Z(\beta, a) = \sum_{\text{すべての状態 } i} e^{-\beta E_0(i) + \beta a A(i)} \tag{3.23}$$

である．外場 a のもとでの物理量 A の平均は

$$\langle A \rangle = \frac{\sum_{\text{すべての状態 } i} A(i) e^{-\beta E_0(i) + \beta a A(i)}}{\sum_{\text{すべての状態 } i} e^{-\beta E_0(i) + \beta a A(i)}} \tag{3.24}$$

であり，$Z(\beta a)$ の (βa) に関する微分が

$$\frac{\partial}{\partial(\beta a)} Z(\beta, a) = \sum_{\text{すべての状態 } i} A(i) e^{-\beta E_0(i) + \beta a A(i)} \tag{3.25}$$

であることを用いると

$$\langle A \rangle = \frac{\frac{\partial Z(\beta, a)}{\partial(\beta a)}}{Z(\beta, a)} = \frac{\partial}{\partial(\beta a)} \ln Z(\beta, a) \tag{3.26}$$

・ここでの $\langle A \rangle$ は外場の強さが a のときの値であり，外場がないときの値は $a = 0$ で与えられる．

で与えられる．

3.　さらに，$\langle A \rangle$ を (βa) で微分すると

$$\begin{aligned}\frac{\partial}{\partial(\beta a)} \langle A \rangle &= \frac{\partial}{\partial(\beta a)} \frac{\partial \ln Z(\beta, a)}{\partial(\beta, a)} = \frac{\partial}{\partial(\beta a)} \frac{\frac{\partial Z(a)}{\partial(\beta a)}}{Z(\beta, a)} \\ &= \frac{\frac{\partial^2 Z(\beta, a)}{\partial(\beta, a)^2}}{Z(\beta, a)} - \left(\frac{\frac{\partial Z(\beta, a)}{\partial(\beta, a)}}{Z(\beta, a)} \right)^2 = \langle A^2 \rangle - \langle A \rangle^2\end{aligned} \tag{3.27}$$

であり，熱平衡状態での物理量 A のゆらぎを与える．これから，応答はゆらぎによって

$$\chi = \frac{d\langle A\rangle}{da} = \beta\frac{\partial}{\partial(\beta a)}\langle A\rangle = \frac{\langle A^2\rangle - \langle A\rangle^2}{k_{\rm B}T} \tag{3.28}$$

と表される．

4. 独立変数への依存性を熱力学の関係と比較する．ヘルムホルツの自由エネルギー $F(T,V,N) = U - TS$ が満たす熱力学の関係

$$\begin{aligned}\left(\frac{\partial}{\partial\beta}\beta F\right)_{V,N} &= F + \beta\frac{\partial T}{\partial\beta}\left(\frac{\partial F}{\partial T}\right)_{V,N}\\ &= F + \frac{1}{k_{\rm B}T}(-k_{\rm B}T^2)(-S)\\ &= F + TS = E\end{aligned} \tag{3.29}$$

とエネルギーと分配関数の関係

$$\langle E\rangle = -\frac{\partial}{\partial\beta}\ln Z(\beta) \tag{3.30}$$

を比較：

$$E = \left(\frac{\partial}{\partial\beta}\beta F\right)_{V,N} \Longleftrightarrow E = -\frac{\partial}{\partial\beta}\ln Z \tag{3.31}$$

すると，$\beta F = -\ln Z$ であるので

$$F(T,V,N) = -k_{\rm B}T\ln Z(T) \tag{3.32}$$

であることがわかる．

・この関係は，物理量 A に共役な外場 a への応答が平衡状態での物理量 A のゆらぎに比例することを示し，カークウッドの関係 **(Kirkwood relation)** とよばれる．

・自由エネルギーからすべての物理量の熱平衡状態での期待値が求められるので，統計力学の計算は分配関数を求めることであるといってよい．

例題 4 の発展問題

4-1. 物理量の外場に対する高次の応答を

$$\chi_{n+1} = \frac{\partial^n \langle A \rangle}{\partial a^n} \tag{3.33}$$

と定義する．ここで $\langle \cdots \rangle$ は $\mathcal{H}(a) = \mathcal{H}_0 - aA$ での熱平衡状態の平均を意味する．

次の式で定義される n 次のキュムラント **(cumulant)**$\langle A^n \rangle_{\mathrm{C}}$ とよばれる量

$$\ln\langle e^{sA} \rangle = \ln\left(\sum_{n=0}^{\infty} \frac{s^n}{n!}\langle A^n \rangle\right) = \sum_{n=1}^{\infty} \frac{s^n}{n!}\langle A^n \rangle_{\mathrm{C}} \tag{3.34}$$

によって

$$\chi_n = \beta^{n-1}\langle A^n \rangle_{\mathrm{C}} \tag{3.35}$$

で与えられることを示せ．ちなみに，$\langle A^n \rangle$ は n 次のモーメント **(moment)** とよばれる．

4-2. 1, 2, 3 次のキュムラントをモーメントで表せ．

重要度
★★★

4 対象のモデル化：ハミルトニアン

《 内容のまとめ 》

ここまで，統計力学の一般的な定式化を説明してきた．そこでは，等重率の原理に基づき，統計力学的温度を導入し，温度 T の熱平衡状態での物理量の平均を計算する方法が導かれた．それを要約すると，対象とする系で粒子数が固定されている場合には，カノニカル集団の方法を用い，物理量 A の平均は状態 i でのエネルギーを E_i，物理量 A の値を A_i とすると

$$\langle A \rangle = \frac{\sum_{\text{すべての状態 } i} A_i e^{-\beta E_i}}{\sum_{\text{すべての状態 } i} e^{-\beta E_i}} \tag{4.1}$$

と与えられるというものであった．つまり，上の和をとるのが具体的な計算となる．次章以降で，どのように具体的に和をとるのかについて詳しく見ていく．基本的には足し算であるが，実際の計算にはいろいろな工夫が必要であり，特に対象とする系において構成要素のあいだに相互作用があると，いろいろな技術が必要になってくる．たとえば，本書で説明する転送行列の方法，平均場近似，モンテカルロ法などの他，摂動論，厳密解の方法やグリーン関数を用いる方法，繰り込み群の方法など多くの方法が開発されてきている．

このような計算の前に，統計力学の最も重要な点として，対象とする系の熱力学的性質に重要な役割をする要素を抽出するための**対象のモデル化**がある．統計力学においては，このモデル化は，系のハミルトニアンをどのように採るかによってなされる．モデル化は，対象に応じて個別に行われる．この章で

は，いくつかのモデル化の例を説明する．それらでの具体的な熱力学的性質に関しては次章以降で詳しく説明する．

典型的な例として理想気体の場合を考えてみよう．この系は，ボイル・シャルルの法則が成り立つ理想的な気体である．この系の特徴は，個々の粒子の自由運動である．理想気体では，粒子間の相互作用を考えないので，1つの粒子のエネルギーはポテンシャルエネルギーがなく運動エネルギーだけで，粒子の質量を m，速度を $\boldsymbol{v}$ とすると $m\boldsymbol{v}^2/2$ である．粒子が N 個ある場合，全系のエネルギーは

$$E = \sum_{i=1}^{N} \frac{m_i}{2} \boldsymbol{v}_i^2 \tag{4.2}$$

である．しかし，気体の圧力などを考えるためには，気体を容器に閉じ込めなくてはならない．そのため，容器と気体の相互作用を考えなくてならない．しかし，気体分子運動論のように完全反射を考えると，反射によってエネルギーは保存されるので気体のエネルギーは式 (4.2) としてよいとする．

さらに，実際，N 個の粒子は互いに衝突して，エネルギー，運動量を交換して熱平衡分布に緩和するので，そのような相互作用を取り入れる必要がある．実際，ボルツマンは衝突による効果を取り入れ，分布関数がいわゆるマクスウェル・ボルツマン分布 (Maxwell-Boltzmann distribution) に緩和することを示している．しかし，本書では主に（第 14，15 章以外），平衡状態への緩和は考えず等重率の原理が成立する平衡状態での性質のみを取り扱う．そのため，理想気体のハミルトニアンでは，緩和を引き起こすための粒子間の相互作用を無視する近似も行う．

これらの条件のもとで，理想気体のハミルトニアンは，位相空間を考える場合の変数である運動量 $\boldsymbol{p} = m\boldsymbol{v}$ を用いて

$$\mathcal{H}_{\text{理想気体}} = \frac{1}{2m} \sum_{i=1}^{N} \boldsymbol{p}_i^2 \tag{4.3}$$

となる．

ただし，気相液相相転移を扱うためには粒子間の相互作用を取り入れる必要がある．その場合には，粒子間の相互作用 $\phi(\boldsymbol{r}_i, \boldsymbol{r}_j)$ を取り入れ，

$$\mathcal{H}_{\text{実在気体}} = \frac{1}{2m}\sum_{i=1}^{N}\boldsymbol{p}_i^2 + \sum_{ij}\phi(\boldsymbol{r}_i, \boldsymbol{r}_j) \tag{4.4}$$

としなくてはならない（第 15 章参照）.

磁性体や結晶などでは，格子点に磁化や粒子があり，それらが相互作用している．その場合には格子点上の状態を表す変数を導入して，それらのあいだの相互作用を適切に表現するモデルを導入する．そのような例を例題で扱う．

例題 5　モデル化の例

1. （2 準位模型）　磁化が $m = \pm m_0$ をとる磁性要素（原子，イオンや分子）が格子点上にある状況を考える（図 4.1 参照）．そこでの磁性要素間の相互作用があり，隣どうしの格子点での磁化が平行の場合エネルギーを $-J(J > 0)$，反平行の場合エネルギーを J とする．さらに，それぞれの磁化は磁場 H とゼーマン相互作用 (Zeeman interaction) $(-Hm)$ しているとする．この系のハミルトニアンを，各格子点 i で ± 1 をとる変数としてイジング変数

$$\sigma_i = \pm 1 \tag{4.5}$$

を用いて示せ．$J > 0$ のとき（強磁性模型 (ferromagnetic model)）この系の基底状態がどのようなものであるか示せ．$J < 0$ のとき（反強磁性模型 (antiferromagnetic model)）この系の基底状態がどのようなものであるか示せ．

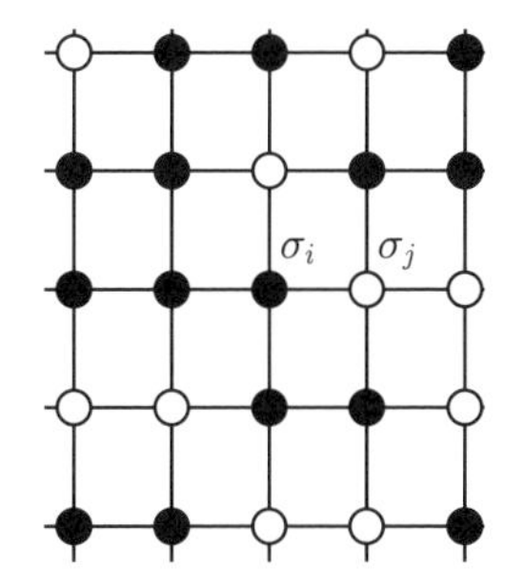

図 4.1: 正方格子上のイジング模型：白丸は $\sigma = 1$，黒丸は $\sigma = -1$ を表す．2 元合金の場合は白丸は原子 A，黒丸は原子 B，格子気体模型では白丸は空孔，黒丸は粒子を表す．

2. （2 元合金）　2 種類の原子 A, B からなる合金で，格子が立方晶であり，上で隣どうしに同種の原子がある場合 (A-A, B-B) のエネルギーが ε，異種の原子がある場合 (A-B) のエネルギーが $-\varepsilon$ とする．各格子点 i での原子の種類 A, B をそれぞれイジング変数 $\sigma_i = \pm 1$ で表すとき，格子上の元素の配列に関するハミルトニアンを求めよ．系に，原子 A，B が同数ずつ含まれているとするとき，$\varepsilon > 0$ の場合（交代

配位2元合金：反強磁性的模型)，系の基底状態がどのようなものであるか示せ．また，$\varepsilon < 0$ の場合（分離型模型：強磁性模型)，系の基底状態がどのようなものであるか示せ．

3. （格子気体模型）理想気体ではなく，実在気体を表す模型として，空間を粒子程度の大きさのメッシュに分け，i 番目のメッシュに粒子がいることを $n_i = 1$，いないことを $n_i = 0$ と表すこととする．粒子の排他性を考え，$n_i > 1$ は考えない．粒子間の弱い相互作用を表すため，粒子が隣どうしのメッシュにきたときのみエネルギー ϕ_0 得するとする．この系のハミルトニアンを変数 $(\{n_i\})$ を用いて表せ．
4. 磁性体の模型：（ハイゼンベルク模型 (Heisenberg model)）局在スピン系では各格子点 i にスピン $\boldsymbol{S}_i$ があり，隣り合ったスピン $\boldsymbol{S}_i, \boldsymbol{S}_i$ のあいだのエネルギーがスピン演算子の内積に相互作用の強さ $(-J)$ をかけたもの $-J\boldsymbol{S}_i \cdot \boldsymbol{S}_i$ で与えられるとするとき，系のハミルトニアンを変数 $(\{\boldsymbol{S}_i\})$ を用いて表せ．

考え方

状態のエネルギーを表す適切な変数を導入する．格子点や個別の粒子の状態など部分系での状態を表す変数のセットとして考えることが多い．対象としては異なる系が，同じタイプのモデルで表される場合には，統計力学的には同様な熱力学的振る舞いをする．

‖解答‖

ワンポイント解説

1. 格子点 i での磁化が $m_i = \pm m_0$ をとる状態を σ_i で表すと

$$\mathcal{H} = -J \sum_{<ij>} \sigma_i \sigma_j - H m_0 \sum_{i=N} \sigma_i \tag{4.6}$$

となる．ここで $< ij >$ は隣どうしの格子点ペアを意味する．

$J > 0$ のときは，すべての隣どうしの格子点ペアで $\sigma_i = \sigma_j$ であるので，系全体で $\{\sigma_i = 1\}$ あるいは $\{\sigma_i = -1\}$ $(i = 1, \ldots, N)$ となり，すべての磁

化がそろった状態になる．

$J < 0$ のときは，すべての隣どうしの格子点ペアで $\sigma_i = -\sigma_j$ である．正方格子などのように格子が，同等な 2 つの部分（格子点を $i = (l, m, n)$ としたとき，$l + m + n =$ 奇数と $l + m + n =$ 偶数となる 2 つの部分）に分けられる場合，2 部格子 (bipartite lattice) という．それぞれの部分を副格子とよぶ．基底状態では $\{\sigma_{i(l+m+n=\text{奇数})} = 1, \sigma_{j(l+m+n=\text{偶数})} = -1\}$ のようにすべての磁化が交代的にそろった状態（ネール状態 (Néel state)）になる．

格子が，三角格子の場合，副格子は 2 つではなく 3 つになる．その場合，最近接対で作られる格子の基本ユニットは三角形であり，その 3 スピン間の対をすべて $\sigma_i\sigma_j = -1$ とすることはできない．そのような場合は，フラストレーションがある系とよばれる（例題 21 参照）．

・この場合は強磁性模型とよばれる．

・この場合は反強磁性模型とよばれる．

2. 格子点 i に原子 A がいることを $\sigma_i = 1$，原子 B がいることを $\sigma_i = -1$ で表すと

$$\mathcal{H} = \varepsilon \sum_{<ij>} \sigma_i\sigma_j \tag{4.7}$$

となる．ただし，原子数は変わらないので

$$\sum_{i=1}^{N} \sigma_i = 0 \tag{4.8}$$

は固定されている．そのため，系の配位の変化は異種原子の位置の交換でのみ起こる．

$\varepsilon > 0$ のときは，すべての隣どうしの格子点ペアで $\sigma_i = -\sigma_j$ のときがエネルギー的に得であるので，副格子で原子が交代的にそろった状態になる．

$\varepsilon < 0$ のときは，隣どうしの格子点ペアで $\sigma_i = \sigma_j$ がエネルギー的に得であるので，A 原子，B 原

・銅と亜鉛の合金 (CuZn) などがこの場合である．

子はそれぞれ集まろうとする．そのため，系の半分の状態がA原子，もう半分がB原子となる状態になる．

・鉄と銅の混晶はこの場合であり，温度を下げると相分離を起こす．

3. 粒子が隣どうしにきたときのみにエネルギーを得するので，そのことを $-\phi_0 \sum_{<ij>} n_i n_j$ で表し，粒子の化学ポテンシャルによる項を $-\mu \sum_i^N n_i$ で表すと，ハミルトニアンは

$$\mathcal{H}_{\mathrm{lattice}} = -\phi_0 \sum_{<ij>} n_i n_j - \mu \sum_i^N n_i \tag{4.9}$$

となる．ここで，μ は粒子数を調整するための化学ポテンシャルである．

・このモデルは，容易にイジング変数を用いて表せる（例題27参照）．

4. この場合，格子点にはベクトル $\{\boldsymbol{S}_i\}$ が配置され，ハミルトニアンは

$$\mathcal{H} = -J \sum_{<ij>} \boldsymbol{S}_i \cdot \boldsymbol{S}_j \tag{4.10}$$

である．ここで，$\boldsymbol{S}_i$ は角運動量の交換関係をもつスピン演算子である．

・このモデルは，磁性体のハイゼンベルク模型とよばれる．

例題5の発展問題

5-1. （スピンクロスオーバー模型）原子（あるいはイオン）の電子状態によって，原子の電子状態がハイスピン，ロースピンとよばれる2状態をとる場合がある．たとえば，Feの三価のイオン Fe^{3+} は3d軌道に5つの電子をもつ．それらは，摂動がない場合縮退しており，その場合フントの規則 (Hund's rule) によって合成スピンが最大 ($S = 5/2$) となる状態をとる．その状態がハイスピン (HS) 状態とよばれる．それに対し，周囲からの摂動（結晶場，リガンド場）を受けるとエネルギー準位が t_{2g} 軌道と e_2 軌道に分裂する．その場合，電子は低エネルギーの準位に入るが，パウリの排他律により，反平行スピン状態になるので合成スピンは $S = 1/2$ となる．その状態がロースピン (LS) 状態とよばれる．ハイスピン状態のエネルギーを E_{HS}，ロースピン状態のエネルギーを E_{LS} とし，

ハイスピン状態での縮重度を n_{HS}，ロースピン状態での縮重度を n_{LS} とする．

分子が格子点上に配置され，隣どうしの格子でのスピン状態が同じ場合エネルギーが $-J$，異なる場合エネルギーが J の相互作用があるとする．ここで，i 番目の分子がハイスピン状態にあることを $S_i = +1$ と表し，ロースピン状態にあることを $S_i = -1$ と表すとき，この系のハミルトニアンを変数 $(\{S_i\})$ を用いて表せ（例題 25 参照）．

5-2. 相互作用する遍歴電子系：(ハバード模型 (Hubbard model)) 結晶中の電子の流れがある場合に，格子点上で離散化して，格子間の移動のホッピング項（強さ t）と，1 つの格子点に上向きスピンをもつ電子と下向きスピンをもつ電子がきたときのクーロン相互作用によるエネルギー上昇 U を考えた場合のハミルトニアンを，各格子点でスピン $\sigma/2 = \pm 1/2$ をもつ電子の生成・消滅演算子（フェルミ粒子 (Fermi particle): $(c^{\dagger}_{i,\sigma}$, $c_{j,\sigma})$，$c^{\dagger}_{i,\sigma}c_{j,\sigma'} + c^{\dagger}_{j,\sigma'}c_{i,\sigma} = \delta_{ij}\delta_{\sigma,\sigma'}$）を用いて表せ．

重要度
★★★

5 理想気体の統計力学

《 内容のまとめ 》

理想気体の熱力学的性質を調べるため，この章ではカノニカル集団の方法を用い，分配関数を求めるためにすべての状態でのボルツマン因子の和（ここでは積分を行う）をとる．第2章で連続自由度の系での状態数を数えるために，状態を定義する位相空間のメッシュ C を導入した．粒子が自由に動きまわれる粒子系では，粒子が区別できない同種粒子系の場合，状態についてさらなる考察が必要である．この問題はいわゆる同種粒子系での状態をどう考えるかという，熱力学でのギブスのパラドックス (**Gibbs Paradox**) に相当するものである．つまり，位相空間上で $(\boldsymbol{x}_1, \boldsymbol{p}_1)$ と $(\boldsymbol{x}_2, \boldsymbol{p}_2)$ に粒子がある場合，もし粒子が区別でき A 粒子，B 粒子とすれば，A 粒子が $(\boldsymbol{x}_1, \boldsymbol{p}_1)$，B 粒子が $(\boldsymbol{x}_2, \boldsymbol{p}_2)$ にいる場合と，逆に A 粒子が $(\boldsymbol{x}_2, \boldsymbol{p}_2)$，B 粒子が $(\boldsymbol{x}_1, \boldsymbol{p}_1)$ にいる場合は異なる状態である．それに対し，粒子が区別できない場合，$(\boldsymbol{x}_1, \boldsymbol{p}_1)$ と $(\boldsymbol{x}_2, \boldsymbol{p}_2)$ に粒子がいるという 1 つの状態であることになるという問題である．

分配関数は，簡単に考えると

$$Z(\beta) = \frac{1}{C^{3N}} \prod_{j=1}^{N} \int dx_j \int dy_j \int dz_j \int_{-\infty}^{\infty} dp_{jx} \int_{-\infty}^{\infty} dp_{jy} \int_{-\infty}^{\infty} dp_{jz} \times \exp\left(-\frac{\beta}{2m} \sum_{j=1}^{N} (p_{jx}^2 + p_{jy}^2 + p_{jz}^2) \right) \tag{5.1}$$

であるが，ここでの積分はすべての粒子が区別できるとしている．そのため，粒子が $(\boldsymbol{x}_1, \boldsymbol{p}_1), (\boldsymbol{x}_2, \boldsymbol{p}_2), \ldots, (\boldsymbol{x}_N, \boldsymbol{p}_N)$ にある状態を $N!$ 回数えている．この

数えすぎを補正するため $N!$ で割らなくてはならない．この因子は熱力学において同種粒子の混合でのエントロピーに関するギブスのパラドックスに関連している．ミクロカノニカル集団の方法でも，エントロピーを示量性（N に比例）にするために，状態数 $W(E)$ を求める際に同様な措置（因子 $N!$）が必要である．

複数個の粒子が同じ $(\boldsymbol{x}, \boldsymbol{p})$ をもつ場合，今の補正は正しくないが，連続変数の場合，同じ場所に複数個の粒子がいる確率は 0 であるので，今の補正でよい．状態の離散性が効いてくる量子系の場合には補正の仕方に注意が必要である（第 11 章参照）．

気体が酸素分子と窒素分子というように 2 種類の分子からなる場合でも，それぞれの分子が区別できない状況では，$N!$ で割ってよい．しかし，2 種類の分子が区別できる状況では，状態数を正しく数え上げるために，酸素分子，窒素分子それぞれの配置に関して数えすぎを補正する必要がある．たとえば，それぞれの粒子数が $N/2$ のときには $N!$ ではなく $(N/2)!(N/2)!$ で割るべきである．この違いは，熱力学で現れた混合のエントロピー $\Delta S = Nk_{\mathrm{B}} \ln 2$ に相当する．統計力学では，このギブスのパラドックスの問題を区別可能なミクロな配置の状態数の問題として取り扱う．

例題 6　カノニカル分布の方法による理想気体の状態方程式の導出

1. カノニカル分布の方法によって温度 T で熱平衡状態にある理想気体のヘルムホルツの自由エネルギー，内部エネルギー，圧力の温度依存性を求めよ．
2. 理想気体のエントロピー，化学ポテンシャルを求めよ．

考え方

カノニカル集団の方法での分配関数を求め，そこから熱力学的諸量が導かれる過程を理想気体の場合に具体的に見てみる．同種粒子での数えすぎを防ぐ因子によって，自由エネルギーやエントロピーが示量的になることを確認する．

‖解答‖

ワンポイント解説

1. 内容のまとめで説明した補正を取り入れて，分配関数は

$$Z(\beta) = \frac{1}{C^{3N}}\frac{1}{N!}\prod_{j=1}^{N}\int\int\int_V dx_j dy_j dz_j \int_{-\infty}^{\infty} dp_{jx} \times \int_{-\infty}^{\infty} dp_{jy}\int_{-\infty}^{\infty} dp_{jz} \times \exp\left(-\frac{\beta}{2m}\sum_{j=1}^{N}(p_{jx}^2 + p_{jy}^2 + p_{jz}^2)\right) \quad (5.2)$$

である．ここで，座標部分の積分は，被積分関数に座標が含まれていないため

$$\int\int\int_V dx_j dy_j dz_j = V \quad (5.3)$$

である．また，運動量の積分はガウス積分により

$$\int_{-\infty}^{\infty} dp e^{-\beta p^2/2m} = \sqrt{2\pi m k_{\mathrm{B}} T}, \quad (5.4)$$

であるので，分配関数は

$$Z(\beta) = V^N \frac{1}{C^{3N}} \frac{1}{N!} (2\pi m k_{\mathrm{B}} T)^{3N/2} \tag{5.5}$$

となる．これよりヘルムホルツの自由エネルギー $(F = -k_{\mathrm{B}} T \ln Z)$ は

$$F = -k_{\mathrm{B}} T \left(N \ln V - \ln N! + \frac{3N}{2} \ln \left(\frac{2\pi m k_{\mathrm{B}} T}{C^2} \right) \right) \tag{5.6}$$

である．N が十分大きいとき，階乗 $(N!)$ をスターリングの公式

$$\ln N! \simeq N \ln N - N + o(N)$$

で近似すると

$$\begin{aligned} F &= -k_{\mathrm{B}} T \left(N \ln V - N \ln N + N + \frac{3N}{2} \ln \left(\frac{2\pi m k_{\mathrm{B}} T}{C^2} \right) \right) \\ &= -N k_{\mathrm{B}} T \left(\ln \frac{V}{N} + 1 + \frac{3}{2} \ln \left(\frac{2\pi m k_{\mathrm{B}} T}{C^2} \right) \right) \end{aligned} \tag{5.7}$$

と N に比例する示量性の量として求められる．

もし，$N!$ がなかったら示量性にならないことに注意しよう．

エネルギーは，分配関数から

$$E = -\frac{\partial}{\partial \beta} \ln Z(\beta) = \frac{3}{2} N k_{\mathrm{B}} T \tag{5.8}$$

であり，また圧力は自由エネルギーから

$$P = -\left(\frac{\partial F}{\partial V} \right)_{T,N} = \frac{\partial}{\partial V} k_{\mathrm{B}} T \ln Z(\beta) = \frac{N k_{\mathrm{B}} T}{V} \tag{5.9}$$

と求まる．これらの関係は理想気体の状態方程式（ボイル・シャルルの法則 (1.9)）として知られているものである．

統計力学の温度 T を例題 2 で導入するとき，理想気体での状態方程式が再現するように温度を決めた．そのため，理想気体の状態方程式が得られるのは当然であり，この設問はある意味ではトートロジーである．ここでは，カノニカル集団の方法でのレシピを理想気体に対して示し，当然の結果が出ることを確認したと捉えるべきである．

2\. エントロピーは，自由エネルギーから

$$S = -\left(\frac{\partial F}{\partial T}\right)_{V,N} \tag{5.10}$$

の関係で

$$S = Nk_{\mathrm{B}}\left(\ln\frac{V}{N} + 1 + \frac{3}{2}\ln\left(\frac{2\pi m k_{\mathrm{B}} T}{C^2}\right) + \frac{3}{2}\right) \tag{5.11}$$

である．また，化学ポテンシャルは

$$\mu = \left(\frac{\partial F}{\partial N}\right)_{T,V} \tag{5.12}$$

より

$$\begin{aligned}\mu &= -k_{\mathrm{B}}T\left(\ln\frac{V}{N} + 1 + \frac{3}{2}\ln\left(\frac{2\pi m k_{\mathrm{B}} T}{C^2}\right)\right) \\ &\quad - Nk_{\mathrm{B}}T \times \left(-\frac{1}{N}\right) \\ &= k_{\mathrm{B}}T\ln\left(\frac{N}{V}\left(\frac{C^2}{2\pi m k_{\mathrm{B}} T}\right)^{3/2}\right)\end{aligned} \tag{5.13}$$

と求められる．

これらの量は C に依存することに注意しよう．また，エントロピーが低温で $\ln T$ の依存性を示す．これらは熱力学第 3 法則に反するが，古典力学での連続変数の系の特徴である．非常に小さいエネルギーの振る舞いが重要になる低温では，エネルギーの量子化が必要となり，量子化によって熱力学第 3 法則は回復する．

例題 6 の発展問題

6-1. 理想気体の状態方程式をグランドカノニカル集団の方法で求めよ．

6-2. 理想気体の化学ポテンシャルをグランドカノニカル集団の方法で求めよ．

6-3. ギブスの自由エネルギーの集団での分配関数に相当する量は，例題 3 の発展問題で調べたように

$$\mathcal{Y}(T,P,N) = \int_0^{\infty} e^{-\frac{PV}{k_{\mathrm{B}}T}} Z(T,V,N) dV. \tag{5.14}$$

である．ここで $Z(T,V,N)$ は体積が V のときの分配関数であり，ギブスの自由エネルギーは

$$G = -k_{\mathrm{B}}T \ln \mathcal{Y}(T,P,N)$$

で与えられる．この集団での理想気体エントロピー，化学ポテンシャルを求めよ．

重要度 ★★★

6　2準位系の統計力学

《内容のまとめ》

系が2つの状態 A, B をとり，それぞれのエネルギーが E_{A}，E_{B} で与えられる系を2準位系 (two-level system) という（図 6.1).

2準位系 N 個からなる系を考える．i 番目の系の状態を表す変数としてイジング変数 σ_i を用いる．i 番目の系の状態が A であることを $\sigma_i = 1$，B であることを $\sigma_i = -1$ とすると，全系のエネルギー（ハミルトニアン）は

$$\mathcal{H} = NE_0 - \varepsilon \sum_{i=1}^{N} \sigma_i, \quad E_0 = \frac{E_{\mathrm{A}} + E_{\mathrm{B}}}{2}, \quad \varepsilon = \frac{E_{\mathrm{B}} - E_{\mathrm{A}}}{2} \tag{6.1}$$

で与えられる．以後，$E_0 = 0$ とすることが多いが，エネルギーの原点の取り方の問題なので重要ではない．

この模型は，一般に2つのエネルギー準位で与えられる系，たとえば磁性でのイジング模型（スピンの向きの上下)，2元合金（原子の種類)，吸着（吸着粒子の有無)，さらには投票（賛成・反対）など，のモデルとなり，広く用いられる．

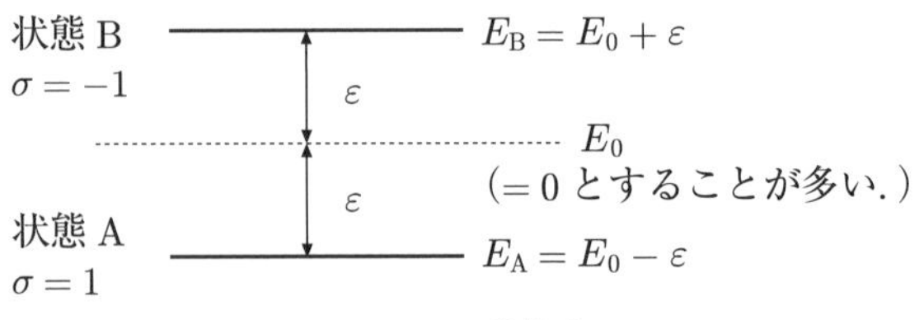

図 6.1: 2準位系

例題 7　2 準位系のエネルギーの温度依存性

1. 2 準位系

$$\mathcal{H} = -\varepsilon \sum_{i=1}^{N} \sigma_i \tag{6.2}$$

の温度 T の熱平衡状態でのエントロピー，エネルギーをミクロカノニカル集団の方法で求めよ．

2. 2 準位系の温度 T の熱平衡状態でのエントロピー，エネルギーをカノニカル集団の方法で求めよ．

考え方

2 準位系の熱力学的諸量をミクロカノニカル集団の方法とカノニカル集団の方法で求める．両者で同じ結果が得られることを確認する．準位間のエネルギー差を反映した比熱のピークが現れることがわかる．

‖解答‖

ワンポイント解説

1. A，B の状態にある部分系の数を，それぞれ N_+，N_- とすると，全系のエネルギーが E のときの状態数 $W(E)$ は組み合わせの数

$$W(E) = {}_N C_{N_+} = \frac{N!}{N_+!N_-!} \tag{6.3}$$

であり，N_+，N_- を N と E で表すと

$$N = N_+ + N_-,$$

$$E = -\varepsilon(N_+ - N_-) \to N_\pm = \frac{N \mp E/\varepsilon}{2} \tag{6.4}$$

であるので

$$W(E) = \frac{N!}{\left(\frac{N+E/\varepsilon}{2}\right)!\left(\frac{N-E/\varepsilon}{2}\right)!} \tag{6.5}$$

となる．N が十分大きな場合の $N!$ の近似式であるスターリングの公式 $\ln N! \simeq N\ln N - N + o(N)$

を用いて，エネルギーの関数としてのエントロピー $S(E) = k_{\mathrm{B}} \ln W(E)$ は，

$$\frac{S(E)}{k_{\mathrm{B}}} \simeq N \ln N - N - \left(\frac{N+E/\varepsilon}{2}\right) \ln \left(\frac{N+E/\varepsilon}{2}\right) + \frac{N+E/\varepsilon}{2} - \left(\frac{N-E/\varepsilon}{2}\right) \ln \left(\frac{N-E/\varepsilon}{2}\right) + \frac{N-E/\varepsilon}{2} \tag{6.6}$$

である．

$$\left(\frac{N+E/\varepsilon}{2}\right) \ln \left(\frac{N+E/\varepsilon}{2}\right) = N \left(\frac{1+\frac{E}{N\varepsilon}}{2} \left(\ln \left(\frac{1+\frac{E}{N\varepsilon}}{2}\right) + \ln N\right)\right) \tag{6.7}$$

であり，また

$$-N \ln N + N \frac{1+\frac{E}{N\varepsilon}}{2} \ln N + N \frac{1-\frac{E}{N\varepsilon}}{2} \ln N = 0 \tag{6.8}$$

であることを用いて整理すると

$$\frac{S(E)}{k_{\mathrm{B}}} = -N \left(\frac{1+\frac{E}{N\varepsilon}}{2} \ln \left(\frac{1+\frac{E}{N\varepsilon}}{2}\right) + \frac{1-\frac{E}{N\varepsilon}}{2} \ln \left(\frac{1-\frac{E}{N\varepsilon}}{2}\right)\right) \tag{6.9}$$

と求められる．

図 6.2(a) に，$S(E)/N$ を E/N の関数として示す．エネルギーの温度依存性は，熱力学的関係より

$$\frac{1}{T} = \frac{\partial S}{\partial E} = \frac{k_{\mathrm{B}}}{2\varepsilon} \ln \left(\frac{N-E/\varepsilon}{N+E/\varepsilon}\right) \tag{6.10}$$

と求められる．E を T の関数として整理すると

$$\frac{2\varepsilon}{k_{\mathrm{B}} T} = \ln \left(\frac{N-E/\varepsilon}{N+E/\varepsilon}\right) \to e^{2\beta\varepsilon} = \frac{N-E/\varepsilon}{N+E/\varepsilon} \tag{6.11}$$

ミクロカノニカル集団で考える場合，$E > 0$ の状態が存在する．つまり，状態 B のほうが多く占有されている状態である．熱力学的状態では，温度が無限大でも状態 A と状態 B の占有確率は等しく，状態 B のほうが多く占有されている状態は熱力学状態としては現れない．そのため，$E > 0$ の状態は統計力学的に正常でない状態とよばれる．その状態の温度を式 (6.10) であえて定義しようとすると T は負になる．そのとき比熱 (dE/dT) も負になり，系がエネルギー吸収すると温度が下がり，ますます熱を吸収しようとする不安定性をもつ．この状況は逆転分布とよばれ，非平衡状態に

から

$$E = -\varepsilon N \tanh(\beta\varepsilon) \tag{6.12}$$

となる．これより，比熱は

$$C = \frac{\partial E}{\partial T} = \frac{\partial \beta}{\partial T}\frac{\partial E}{\partial \beta} = N\frac{1}{k_{\mathrm{B}}T^2}\frac{\varepsilon^2}{\cosh^2(\beta\varepsilon)}$$
$$= k_{\mathrm{B}}N\frac{\varepsilon^2\beta^2}{\cosh^2(\beta\varepsilon)} \tag{6.13}$$

で与えられる．エントロピー，エネルギー，比熱を図 6.2(b) に示す．比熱は図 6.2(b) に示すように，$T/\varepsilon \simeq 0.83$ にピークをもつ．

おいてレーザー発振の機構として用いられる興味深いものであるが，平衡状態での統計力学では扱わない．

・この比熱はショットキー (**Schottky**) 型比熱とよばれる．

2. カノニカル集団の方法では，まず分配関数を求める．

$$Z = \sum_{\sigma_1=\pm 1} \cdots \sum_{\sigma_N=\pm 1} e^{\beta\varepsilon \sum_{i=1}^{N}\sigma_i} \tag{6.14}$$

であり全系の状態，つまり $(++\cdots+)$ から $(--\cdots-)$ の 2^N の状態の和をとらなくてはならないが，N 個の系が互いに独立の場合，

$$Z = \left(e^{\beta\varepsilon} + e^{-\beta\varepsilon}\right)^N = (2\cosh(\beta\varepsilon))^N \tag{6.15}$$

と各部分系からの寄与の積で与えられるため，容易に計算できる．

自由エネルギーは

$$F = -k_{\mathrm{B}}TN\ln(2\cosh(\beta\varepsilon)) \tag{6.16}$$

であり，内部エネルギーは

$$\langle E\rangle = -\frac{\partial \ln Z}{\partial \beta} = -N\varepsilon\tanh(\beta\varepsilon) \tag{6.17}$$

となり，式 (6.12) と一致する．

エントロピーの温度依存性は

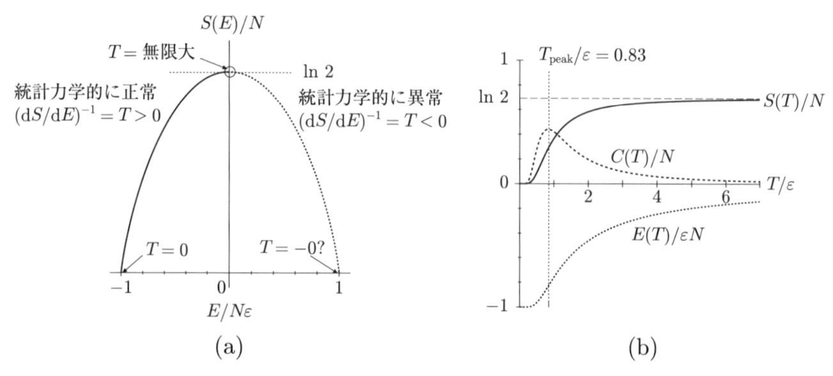

図 6.2: (a) 2 準位系 1 つあたりのエネルギーの関数としてのエントロピー，破線部分は熱力学的に不安定．(b) 温度の関数としてのエネルギー E（点線），エントロピー S（実線），熱容量 C（短破線：ショットキー型比熱）．破線は ln 2.

$$S=\frac{E-F}{T}=\frac{-N\varepsilon\tanh(\beta\varepsilon)+k_{\mathrm{B}}TN\ln(2\cosh(\beta\varepsilon))}{T} \tag{6.18}$$

で与えられる．

例題 7 の発展問題

7-1. エントロピー (6.9) と式 (6.18) が同じであることを示せ．

重要度
★★★

7　特性関数の方法

《内容のまとめ》

与えられた分布関数での平均や分散を計算する方法に特性関数の方法とよばれる方法がある．

系が状態 $k = 1, 2, \ldots, S$ をとり，それぞれの状態で物理量 m の値が $\{m(k)\}, k = 1, 2, \ldots, S$ とする．各状態の出現確率が $\{p(k)\}, k = 1, 2, \ldots, S$ で与えられているとする．このとき，特性関数を

$$X(\xi) = \langle e^{i\xi m} \rangle = \sum_{k=1}^{S} p(k) e^{i\xi m(k)} \tag{7.1}$$

と定義する．このとき，n 次の m のモーメント $\langle m^n \rangle$ は

$$\langle m^n \rangle = \sum_{k=1}^{S} p(k) m(k)^n = \left. \frac{1}{i^n} \frac{\partial^n}{\partial \xi^n} X(\xi) \right|_{\xi=0} \tag{7.2}$$

で与えられる．また，式 (3.34)

$$\ln \left(\sum_{n=0}^{\infty} \frac{a^n}{n!} \langle m^n \rangle \right) = \sum_{n=1}^{\infty} \frac{a^n}{n!} \langle m^n \rangle_{\mathrm{C}}, \quad a \text{ は任意の定数} \tag{7.3}$$

で定義される n 次の m のキュムラント $\langle m^n \rangle_{\mathrm{C}}$ は

$$\langle m^n \rangle_{\mathrm{C}} = \left. \frac{1}{i^n} \frac{\partial^n}{\partial \xi^n} \ln X(\xi) \right|_{\xi=0} \tag{7.4}$$

で与えられる．

特性関数の定義で，$e^{i\xi m(k)}$ の代わりに $e^{\xi m(k)}$ としても同様に議論できる．外場 a の関数としての分配関数は

$$Z(a) = \sum_i e^{-\beta E_i} e^{\beta a A_i} = \sum_i \frac{e^{-\beta E_i} e^{\beta a A_i}}{\sum_i e^{-\beta E_i}} \sum_i e^{-\beta E_i} \tag{7.5}$$

であり，

$$p(i) = \frac{e^{-\beta E_i}}{\sum_i e^{-\beta E_i}}, \quad Z(0) = \sum_i e^{-\beta E_i} \tag{7.6}$$

とすると

$$Z(a) = Z(0) \sum_i p(i) e^{\beta a A_i} = Z(0) \langle e^{\beta a A_i} \rangle \tag{7.7}$$

であるので，一種の特性関数であるとみなせる．

例題 8　モーメントとキュムラント

1. 各要素が S 個の状態をとり，各要素が状態 k にある確率を $\{p(k)\}, k = 1, 2, \ldots, S$ とする．これらの状態で物理量 m が $\{m(k)\}, k = 1, 2, \ldots, S$ の値をとるとする．この要素 N 個からなる系で，j 番目の要素での物理量の値を m_j とするとき，系全体での m_j の和

$$M = \sum_{j=1}^{N} m_j \tag{7.8}$$

のモーメント $\langle M^n \rangle$ を，各要素の特性関数

$$X_1(\xi) = \sum_{k=1}^{S} p(k) e^{i\xi m(k)} \tag{7.9}$$

を用いて表せ．ただし，各要素は互いに独立とする．

2. 上の系のキュムラント $\langle M^n \rangle_{\mathrm{C}}$(7.4) を，各要素の特性関数 $X_1(\xi)$ を用いて表せ．

3. 独立な N 個の要素からなる系を考え，各要素の状態は変数 $\sigma_j = \pm 1$ $(j = 1, 2, \ldots, N)$ で表されているとする．確率がそれぞれ，p_+，p_- で与えられる模型（2 準位系）を考える．このとき，系全体の磁化

$$M = \sum_{j=1}^{N} \sigma_j \tag{7.10}$$

の平均，分散を求めよ．

4. 前問で $p_+ = p_- = \frac{1}{2}$ のとき，$y = M/\sqrt{N}$，$m = M/N$ を変数としたときの分布を，N が十分大きい極限で求めよ．

考え方

独立な要素からなる系全体の物理量の特性関数が各要素の特性関数で表せることを調べ，系全体の物理量のモーメントやキュムラントがどのように求められるかを調べる．また，2 準位系での例を具体的に求め，さらに要素の数が大きくなった場合の，分布関数の特徴的な振る舞いとして，大数の法則や中心極限定理などとの関係も調べる．

‖解答‖

1.　M に関する特性関数

$$X(\xi) = \sum_{\text{全状態}} P(\{M_i\}) e^{i\xi M} \tag{7.11}$$

を用いる．各要素が互いに独立の場合には

$$P(\{M_i\}) = \prod_{j=1}^{N} p_j(k) \tag{7.12}$$

であるので，式 (7.9) を用いて

$$X(\xi) = \prod_{j=1}^{N} \left(\sum_{k_j=1}^{S} p_j(k_j) e^{i\xi m(k_j)} \right) = X_1(\xi)^N \tag{7.13}$$

で与えられる．$X_1(\xi)$ はある 1 つの要素における状態 $k(= 1, \ldots, S)$ に関する和であり，$p_j(k)$ は j によらず，したがって簡単に求められる．これを用いて

$$\langle M^n \rangle = \frac{1}{i^n} \left. \frac{d^n X(\xi)}{d\xi^n} \right|_{\xi=0} = \frac{1}{i^n} \left. \frac{d^n X_1^N(\xi)}{d\xi^n} \right|_{\xi=0} \tag{7.14}$$

である．

2.　キュムラント (7.4) は $\ln X(\xi)$ を ξ で微分し，

$$\begin{aligned} \langle M^n \rangle_{\mathrm{C}} &= \frac{1}{i^n} \left. \frac{d^n \ln X(\xi)}{d\xi^n} \right|_{\xi=0} \\ &= \frac{1}{i^n} N \left. \frac{d}{d\xi} \ln X_1(\xi) \right|_{\xi=0} \end{aligned} \tag{7.15}$$

で与えられる．

3.　特性関数は

ワンポイント解説

・これにより，すべての次数のキュムラントが N に比例することがわかる．

$$X = \left(p_+ e^{i\xi} + p_- e^{-i\xi}\right)^N \tag{7.16}$$

である．平均，分散はそれぞれ 1 次，2 次のキュムラントで与えられる．和の平均は

$$\frac{d}{d\xi}\ln X = N\frac{ip_+ e^{i\xi} - ip_- e^{-i\xi}}{p_+ e^{i\xi} + p_- e^{-i\xi}} \tag{7.17}$$

$$\left.\frac{d}{d\xi}\ln X\right|_{\xi=0} = N\frac{ip_+ - ip_-}{p_+ + p_-} = iN(p_+ - p_-) \tag{7.18}$$

より

$$\langle M\rangle = \frac{1}{i}iN(p_+ - p_-) = N(p_+ - p_-) \tag{7.19}$$

である．分散は

$$\frac{d^2}{d\xi^2}\ln X = N\left(\frac{-p_+ e^{i\xi} - p_- e^{-i\xi}}{p_+ e^{i\xi} + p_- e^{-i\xi}} - \frac{(ip_+ e^{i\xi} - ip_- e^{-i\xi})^2}{(p_+ e^{i\xi} + p_- e^{-i\xi})^2}\right) \tag{7.20}$$

より

$$\langle M^2\rangle - \langle M\rangle^2 = -N\left(-1 + (p_+ - p_-)^2\right) = 4Np_+p_- \tag{7.21}$$

である．

4.　1 つの要素あたりの磁化の平均

$$m = \frac{M}{N} \quad -1 \le m \le 1 \tag{7.22}$$

の平均，分散を考えると，

$$\langle m\rangle = 0, \quad \langle(m^2 - \langle m\rangle)^2\rangle = \frac{1}{N} \tag{7.23}$$

であり，$N \to \infty$ で $\langle(m^2 - \langle m\rangle)^2\rangle \to 0$ であるので m は確実に 0 となるとみなせる．N が大きいとき m は連続変数とみなせ，その場合 m を変数とした分布はデルタ関数で表される：

$$P(m) = \delta(m), \quad \int_{-1}^{1} P(m)dm = 1 \tag{7.24}$$

である．

また，

$$y = \frac{M}{\sqrt{N}} \tag{7.25}$$

を変数とすると

$$\langle y \rangle = 0, \quad \langle y^2 \rangle_{\rm C} = \frac{\langle M^2 \rangle}{N} - \left(\frac{\langle M \rangle}{\sqrt{N}} \right)^2 = 1 \tag{7.26}$$

である．かつ，高次のキュムラントは

$$\langle y^n \rangle_{\rm C} \propto \frac{N}{N^{n/2}} = o(N)(n > 2) \tag{7.27}$$

であるので，分布は分散 1 のガウス分布

$$P(y) = \sqrt{\frac{1}{2\pi}} e^{-\frac{1}{2}y^2} \tag{7.28}$$

になる．

2 項分布に限らず，独立な要素 N からなる系での，高次のキュムラントは一般に変数

$$y = \frac{M}{\sqrt{N}} \tag{7.29}$$

を用いると，

$$\langle y^n \rangle_{\rm C} \propto \frac{N}{N^{n/2}} = o(N)(n > 2) \tag{7.30}$$

であり，ガウス分布となる．

・これは**大数の法則 (law of large numbers)** といわれる性質の 1 つである．

・このように，1 つの要素あたりの分散が一定になり，分布がガウス分布になることは**中心極限定理 (central limit theorem)** とよばれる性質の 1 つである．

例題 8 の発展問題

8-1. 特性関数の方法で，各要素で x_i の値が $[-1, 1]$ の区間の一様分布で現れる系での，

$$M = \sum_{i=1}^{N} x_i \tag{7.31}$$

の平均，分散を求めよ．

8-2. 平均値 x_0，分散 $1/a$ のガウス分布

$$P(x) = \sqrt{\frac{a}{2\pi}} e^{-\frac{1}{2}a(x-x_0)^2} \tag{7.32}$$

のキュムラントを求めよ．

8-3. コーシー（ローレンツ）分布

$$P(x) = \frac{1}{\pi(1+x^2)} \tag{7.33}$$

に関する特性関数を求めよ．この分布は規格化ができるが，モーメント $\langle x^{2n} \rangle$ は発散する．

$$\int_{-\infty}^{\infty} \frac{1}{\pi(1+x^2)} dx = 1, \quad \int_{-\infty}^{\infty} \frac{x^{2n}}{\pi(1+x^2)} dx = \infty \tag{7.34}$$

$\langle x \rangle$ はナイーブには 0 であるが，数学的には収束値をもたない．

8-4. 2 項分布の確率

$$P(N_+) = (p_+)^{N_+} (p_-)^{N_-} \frac{N!}{N_+!(N-N_+)!} \tag{7.35}$$

において，p_+ が非常に小さいときの分布として，ポアソン分布がある．

$$\lambda = Np_+ \tag{7.36}$$

を一定にして N を無限大にしたときの分布を求めよ．

重要度
★★★

8 量子系の統計力学

《 内容のまとめ 》

ここまで，統計力学の方法を説明してきたが，そこでは物理量の値と状態が直接的に対応する古典的な系を念頭に置いてきた．量子系での状態は与えられた系のハミルトニアンの固有ベクトルとその固有値で特徴づけられる．一般の状態は固有ベクトルの重ね合わせで与えられる．固有状態の異なる重ね合わせも，ある１つの量子力学的状態である．状態の線形結合の作り方は無限通りあるので状態は無限個ある．しかし，それらは独立でないので，量子系の統計力学では，完全系とよばれる互いに独立なベクトルからなるセットを基底ベクトルとして取り上げる．特に，完全系セットとして，エネルギーの値が固有値として確定しているハミルトニアンの固有状態のセット（完全系）

$$\mathcal{H}|\phi_i\rangle = E_i|\phi_i\rangle, \quad i = 1, 2, \ldots, M \tag{8.1}$$

を考え，そこで等重率の原理を用いて，古典系の場合と同様にミクロカノニカル集団，カノニカル集団，グランドカノニカル集団の方法を導入する．ここで，M は系のハミルトニアンのヒルベルト空間の次元である．ただし，運動を考えるときの固有状態は時間的に変化しないので，系が熱平衡状態に移行するためには固有状態間の遷移が非常に弱い相互作用で許されているとする（実際の計算には現れない）．

量子系でのカノニカル集団での状態 i の出現確率は式 (8.1) の固有状態のセットに対し，古典系と同様に

$$P(i) = \frac{1}{Z}e^{-\beta E_i} \tag{8.2}$$

で与えられる．分配関数（規格化定数）は

$$Z = \sum_{i=1}^{M} e^{-\beta E_i} \tag{8.3}$$

である．ボルツマン因子は

$$e^{-\beta E_i} = \langle \phi_i | e^{-\beta \mathcal{H}} | \phi_i \rangle = e^{-\beta \langle \phi_i | \mathcal{H} | \phi_i \rangle} \tag{8.4}$$

で与えられるが，適当な別の状態 ψ_i の出現確率は

$$P(\psi_i) = \frac{1}{Z} \langle \psi_i | e^{-\beta \mathcal{H}} | \psi_i \rangle \tag{8.5}$$

であって

$$P(\psi_i) = \frac{1}{Z} e^{-\beta \langle E_{\psi_i} \rangle}, \quad \langle E_{\psi_i} \rangle = \langle \psi_i | \mathcal{H} | \psi_i \rangle \tag{8.6}$$

ではないことに注意しよう（古典系ではこの違いがなかった）．

ちなみに，分配関数は行列のトレース Tr の表示を用いて，$Z = \mathrm{Tr}\, e^{-\beta \mathcal{H}}$ と表せる：

$$Z = \sum_{i=1}^{M} e^{-\beta E_i} = \mathrm{Tr}\, e^{-\beta \mathcal{H}} \tag{8.7}$$

異なる基底 $\{|\psi_i\rangle\}$ をとった場合にも，Tr の性質によって分配関数は基底の取り方によらない．

$$Z = \mathrm{Tr}\, e^{-\beta \mathcal{H}} = \sum_{i=1}^{M} e^{-\beta E_i} = \sum_{i=1}^{M} \langle \psi_i | e^{-\beta \mathcal{H}} | \psi_i \rangle \tag{8.8}$$

これは，分配関数の計算においてたいへん便利な性質である．量子系では，$e^{-\beta \mathcal{H}}$ なども含め広い意味での物理量は演算子であり行列で表される．そこでの状態に関する和 $\sum_{i=1}^{M}$ を表すのに Tr は便利なので今後この表記法を用いる．

量子状態には，束縛状態と連続状態がある．理想気体などでは，エネルギーは連続になるように思えるが，通常の統計力学では系はある領域に閉じ込められている場合のみ考えるため，本書では対象を束縛状態だけに限定する．系の

大きさをはじめから無限大にすると，そこでの「状態」の定義は難しい．熱力学的極限では，系の大きさは無限大になるが，ここでは有限の系での結果を密度などを一定に保ちながら領域の大きさを大きくした極限と考える（系の大きさを無限大にした場合の場の理論的な量子統計力学の定式化もある）．

例題 9　希薄な量子理想気体

1.　希薄な量子理想気体の分配関数を求めよ．

考え方

これまで理想気体に関して，古典系での分配関数を連続的な位相空間での積分として考えてきたが，量子系での分配関数を各固有状態からの寄与の和の形で求める．そこでは，連続変数での状態数に関する曖昧さがなくなる．

解答

1.　質量 m の粒子 N 個からなる理想気体のハミルトニアンは

$$\mathcal{H}=\sum_i \frac{1}{2m}\boldsymbol{p}_i^2 \tag{8.9}$$

であり，シュレディンガー方程式は

$$-\frac{\hbar^2}{2m}\left(\frac{\partial^2}{\partial x^2}+\frac{\partial^2}{\partial y^2}+\frac{\partial^2}{\partial z^2}\right)\psi_i(\boldsymbol{r})=E_i\psi_i(\boldsymbol{r}) \tag{8.10}$$

である．この解は，一般に

$$\psi_i(\boldsymbol{r})\propto e^{i(k_x x+k_y y+k_z z)} \tag{8.11}$$

の形をもつ．ここでは，気体が一辺 L の立方体の容器に閉じ込められていると考える．そのとき，周期境界条件のもとで許される，それぞれの方向の波数の条件

$$k_x L=2\pi n_x,\ k_y L=2\pi n_y\ , k_z L=2\pi n_z,$$
$$n_x, n_y, n_z \text{は整数} \tag{8.12}$$

から，波数は整数の量子数 (n_x, n_y, n_z) によって

$$k_\alpha=\frac{2\pi}{L}n_\alpha, \alpha=x,y,z \tag{8.13}$$

ワンポイント解説

・ここでは，粒子を閉じ込めているが，固定端境界条件ではなく粒子の運動に周期境界条件を課す．系が十分大きいときこの条件変更は問題にならない．

で与えられる．その波数をもつ波動関数，固有値は

$$\psi_{n_x,n_y,n_z}(\boldsymbol{r}) = \left(\frac{1}{\sqrt{L}}\right)^3 e^{ik_x x+k_y y+k_z z} \tag{8.14}$$

$$E(n_x,n_y,n_z) = \frac{\hbar^2(2\pi)^2}{2mL^2}(n_x^2+n_y^2+n_z^2) \tag{8.15}$$

である．これを用いると分配関数は

$$\begin{aligned}Z &= \frac{1}{N!}\sum_{n_x^{(1)}=-\infty}^{\infty}\sum_{n_y^{(1)}=-\infty}^{\infty}\sum_{n_z^{(1)}=-\infty}^{\infty}\cdots \\ &\quad \sum_{n_x^{(N)}=-\infty}^{\infty}\sum_{n_y^{(N)}=-\infty}^{\infty}\sum_{n_z^{(N)}=-\infty}^{\infty} \\ &\quad \times\exp\left(-\beta\frac{\hbar^2(2\pi)^2}{2mL^2}\sum_{i=1}^{N}\left((n_x^{(i)})^2\right.\right. \\ &\quad \left.\left.+(n_y^{(i)})^2+(n_z^{(i)})^2\right)\right) \\ &= \frac{1}{N!}\left(\sum_{n_x^{(i)}=-\infty}^{\infty}\sum_{n_y^{(i)}=-\infty}^{\infty}\sum_{n_z^{(i)}=-\infty}^{\infty}\exp\left(-\beta\frac{\hbar^2(2\pi)^2}{2mL^2}\right.\right. \\ &\quad \left.\left.\left((n_x^{(i)})^2+(n_y^{(i)})^2+(n_z^{(i)})^2\right)\right)\right)^N\end{aligned} \tag{8.16}$$

となる．

- $1/N!$ は粒子が区別できないことによる数えすぎの補正である．
- ここでも，気体が希薄であることで，すべての粒子が異なる (n_x,n_y,n_z) をもつと仮定している（そうでない場合については後述）．この和では古典系で考えた位相空間の単位 C は出てこないことに注意しよう．

L が十分大きい場合，上の和を積分に置き換え

$$\sum_{n_x}\to\frac{L}{2\pi}\int_{-\infty}^{\infty}dk_x,\quad k_x=\frac{2\pi}{L}n_x \tag{8.17}$$

$$\begin{aligned}Z &= \frac{1}{N!}\left(\left(\frac{L}{2\pi}\right)^3\int_{-\infty}^{\infty}dk_x\int_{-\infty}^{\infty}dk_y\int_{-\infty}^{\infty}dk_z\right. \\ &\quad \left.\exp\left(-\beta\frac{\hbar^2}{2m}\left(k_x^2+k_y^2+k_z^2\right)\right)\right)^N\end{aligned} \tag{8.18}$$

である．積分を実行すると，分配関数は

$$
\begin{aligned}
Z &= \frac{1}{N!}V^N\left(\frac{1}{2\pi}\sqrt{\frac{2\pi m k_{\mathrm{B}}T}{\hbar^2}}\right)^{3N} \\
&= \frac{1}{N!}V^N\left(\sqrt{\frac{2\pi m k_{\mathrm{B}}T}{h^2}}\right)^{3N} \qquad (8.19)
\end{aligned}
$$

これは，古典系で位相空間の単位として導入した定数 C を

$$C = h \qquad (8.20)$$

としたときの古典系での分配関数 (5.5) と一致する．

例題 9 の発展問題

9-1.　質量 m の 2 個の区別できない粒子が一辺 L の立方体の容器に閉じ込められている系の分配関数を求めよ．

例題 10　調和振動子

質量 m，ばね定数 k の独立な調和振動子 N 個からなる系

$$\mathcal{H}=\sum_{i=1}^{N}\frac{1}{2m}p_i^2+\frac{1}{2}kx_i^2,\quad \omega=\sqrt{\frac{k}{m}} \tag{8.21}$$

が温度 T で熱平衡状態にある場合の，エネルギー，比熱の温度依存性を求めよ．

1. 運動が古典力学に従う場合．
2. 運動が量子力学に従う場合．ただし，量子系の場合は，各調和振動子の固有値が

$$\mathcal{H}|n\rangle=\left(\frac{1}{2}\hbar\omega+n\hbar\omega\right)|n\rangle,\quad n=0,1,\ldots \tag{8.22}$$

で与えられることを用いてよい．

考え方

調和振動子の熱力学的性質を古典系，量子系で求め，量子性の効かない高温では両者が一致するが，量子効果が顕著になる低温では両者に違いが現れることを調べる．エネルギーの等分配則が量子系では成り立たないことが明らかになる．

‖解答‖

1. カノニカル集団の方法で求める．古典系での分配関数は

$$\begin{aligned}
Z=&\frac{1}{C^N}\int_{-\infty}^{\infty}dx_1\int_{-\infty}^{\infty}dp_1\cdots\\
&\int_{-\infty}^{\infty}dx_N\int_{-\infty}^{\infty}dp_N e^{-\beta\sum_{i=1}^{N}\frac{1}{2m}p_i^2+\frac{1}{2}kx_i^2}\\
=&\frac{1}{C^N}\left(\int_{-\infty}^{\infty}dx_1 e^{-\beta\frac{1}{2}kx_1^2}\right)^N\left(\int_{-\infty}^{\infty}dp_1 e^{-\beta\frac{1}{2m}p_1^2}\right)^N\\
=&\frac{1}{C^N}\left(\sqrt{\frac{2\pi m}{\beta}}\sqrt{\frac{2\pi}{\beta k}}\right)^N
\end{aligned}$$

ワンポイント解説

・今の場合，各調和振動子は区別できるので，理想気体の場合の $N!$ での補正は不要である．

$$= \frac{1}{C^N}\left(\sqrt{2\pi m}\sqrt{\frac{2\pi}{k}}\right)^N \beta^{-N} \tag{8.23}$$

であるので，エネルギーは

$$E = -\frac{\partial \ln Z}{\partial \beta} = -\frac{d}{d\beta}\ln\beta^{-N} = \frac{N}{\beta} = Nk_{\mathrm{B}}T \tag{8.24}$$

である．

この結果は，位置と運動量の自由度にそれぞれ $\frac{1}{2}k_{\mathrm{B}}T$ を分配するというエネルギーの等分配則と一致する．この結果は，m や k によらない．上では，すべての調和振動子で m や k が同じとしたが，すべて異なるとしても，分配関数での β^{-N} の係数が変わるだけで，エネルギーは変わらない．このときの比熱は

$$C = \frac{dE}{dT} = Nk_{\mathrm{B}} \tag{8.25}$$

である．つまり，比熱は温度によらず一定値となり，熱力学第 3 法則を満たさない．

固体の中では，各粒子は (x,y,z) の 3 方向の自由度があるので比熱は，固体中の粒子数を N とすると，調和振動子の数は $3N$ であるので

$$C = \frac{dE}{dT} = 3Nk_{\mathrm{B}} \tag{8.26}$$

となる．これは，デュロン－プティの法則 **(Dulong-Petit law)** とよばれる．

2. カノニカル集団の方法で求める．量子系での分配関数は

$$Z = \sum_{n_1=0}^{\infty}\cdots\sum_{n_N=0}^{\infty} e^{-\beta\sum_{i=1}^{N}\left(\frac{1}{2}\hbar\omega + n_i\hbar\omega\right)}$$
$$= \left(\sum_{n_1=0}^{\infty} e^{-\beta\left(\frac{1}{2}\hbar\omega + n_1\hbar\omega\right)}\right)^N$$
$$= e^{-N\frac{1}{2}\beta\hbar\omega}\left(\frac{1}{1-e^{-\beta\hbar\omega}}\right)^N \tag{8.27}$$

であるので，エネルギーは

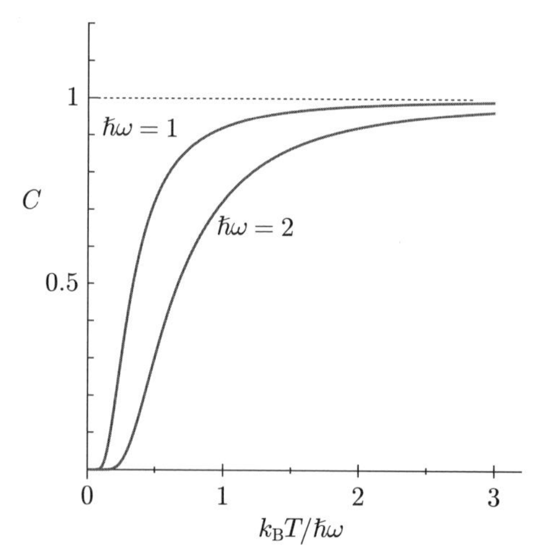

図 8.1: アインシュタイン比熱

$$E = -\frac{\partial \ln Z}{\partial \beta} = N\left(\frac{1}{2}\hbar\omega + \frac{\hbar\omega e^{-\beta\hbar\omega}}{1 - e^{-\beta\hbar\omega}}\right)$$
$$= N\hbar\omega\left(\frac{1}{2} + \frac{1}{e^{\beta\hbar\omega} - 1}\right) \tag{8.28}$$

である．これから比熱は

$$C = \frac{dE}{dT} = \frac{d\beta}{dT}\frac{dE}{d\beta} = -\frac{1}{k_B T^2}\frac{dE}{d\beta}$$
$$= Nk_B(\hbar\omega\beta)^2 \frac{e^{\beta\hbar\omega}}{(e^{\beta\hbar\omega} - 1)^2} \tag{8.29}$$

である．

この結果は ω，つまり，m や k に依存する．そのため，異なる m や k をもつ系の集合では，物理量はそれぞれの ω に関する和となる．たとえば，比熱は

$$C = \sum_{i=1}^{N} k_B(\hbar\omega_i\beta)^2 \frac{e^{\beta\hbar\omega_i}}{(e^{\beta\hbar\omega_i} - 1)^2} \tag{8.30}$$

である．

・これは $T \to 0\,(\beta \to \infty)$ で 0 となり，熱力学第 3 法則を満たす．

・この比熱の表式はアインシュタインの比熱 (**Einstein specific heat**) とよばれる（図 8.1）．

例題 10 の発展問題

10-1. 固体の中では，角振動数の大きさが $\omega \sim \omega + d\omega$ のあいだにある基本モードの数は，第 10 章で説明するように $D(\omega) \propto \omega^2 d\omega$ に比例する．この場合の低温での比熱が T^3 に比例することを示せ．固体比熱のこの振る舞いはデバイ比熱 (**Debye specific heat**) とよばれる．

例題 11　量子スピン系

1. 大きさ S のスピンの磁場 H のもとでのハミルトニアンはゼーマンエネルギー:

$$\mathcal{H} = -g\mu_{\mathrm{B}} H S_z, \quad S_z = S, S-1, \ldots, -S \tag{8.31}$$

で与えられる．ここで，g は g 因子とよばれる定数で，スピンの場合，約 2 である．μ_{B} はボーア磁子 (Bohr magneton) とよばれる電子の磁気モーメントの単位となる物理定数である．

$$\mu_{\mathrm{B}} = \frac{e\hbar}{2m} = 9.274 \times 10^{-24}\ \mathrm{J/T}, \quad e, m : \text{電子の電荷，質量} \tag{8.32}$$

この系が温度 T の熱平衡状態にあるときの磁化の期待値を求めよ．

2. 上記の場合の $H = 0$ での帯磁率を求めよ．

3. $S = 1/2$ のスピン 2 つがハイゼンベルク結合している系

$$\mathcal{H} = -J \boldsymbol{S}_1 \cdot \boldsymbol{S}_2 \tag{8.33}$$

が温度 T の熱平衡状態にある場合に，内部エネルギーの温度依存性を求めよ．

4. 上の系での，$\langle (S_1^z - S_2^z)^2 \rangle$ の温度依存性も求めよ．

考え方

スピンに関する熱力学的性質として，磁場をかけた場合にどのように磁化が現れるかを調べる．独立なスピンの集まり（常磁性体）での磁化率に関するキュリー則を求める．さらに，スピン間に相互作用がある場合の量子系での熱力学的性質を調べるため，系のハミルトニアンの固有値を求める方法の具体例も学ぶ．

解答

ワンポイント解説

1. 分配関数は，$h = g\mu_{\mathrm{B}} H$ と表記すると

$$Z = \sum_{M=-S}^{S} e^{\beta h M} = \frac{e^{\beta h S} - e^{-\beta h (S+1)}}{1 - e^{-\beta h}}$$
$$= \frac{e^{\beta h \left(S+\frac{1}{2}\right)} - e^{-\beta h \left(S+\frac{1}{2}\right)}}{e^{\beta h/2} - e^{-\beta h/2}} \tag{8.34}$$

である．磁化の平均は

$$\langle m\rangle=-\left(\frac{\partial F}{\partial H}\right)_{T,N}=\frac{\partial \ln Z}{\partial(\beta H)}=g\mu_{\mathrm{B}}\frac{\partial \ln Z}{\partial(\beta h)}$$
$$=g\mu_{\mathrm{B}}\langle S_z(T,H)\rangle$$
$$=g\mu_{\mathrm{B}}\left[\left(S+\frac{1}{2}\right)\coth\left(\beta h\left(S+\frac{1}{2}\right)\right)-\frac{1}{2}\coth\frac{\beta h}{2}\right] \tag{8.35}$$

である．この関数はブリルアン関数 **(Brillouin function)** とよばれる

$$B_S(x)=\frac{2S+1}{2S}\coth\frac{(2S+1)x}{2S}-\frac{1}{2S}\coth\frac{x}{2S} \tag{8.36}$$

によって

$$\langle m\rangle = g\mu_{\mathrm{B}}SB_S(\beta hS) \tag{8.37}$$

と表せる．

2. $H=0$ での帯磁率は

$$\coth x=\frac{1}{x}+\frac{1}{3}x+\cdots \tag{8.38}$$

であることを用いて

$$\chi=\left.\frac{\partial\langle m\rangle}{\partial H}\right|_{H=0}=(g\mu_{\mathrm{B}})^2\frac{S(S+1)}{3}\frac{1}{k_{\mathrm{B}}T} \tag{8.39}$$

となる．

・この関係はキュリーの法則 **(Curie's law)** とよばれる．

3. S_1^z, S_2^z を対角化する表示 $|\pm,\pm\rangle$ でハミルトニアンを表すと

$$S_1^zS_2^z|\pm,\pm\rangle=\frac{1}{4}|\pm,\pm\rangle,\quad S_1^zS_2^z|\pm,\mp\rangle=-\frac{1}{4}|\pm,\mp\rangle \tag{8.40}$$

であり，xy 成分に関しては

$$
\begin{aligned}
&S_1^x S_2^x + S_1^y S_2^y \\
&= \frac{1}{4}(S_1^+ + S_1^-)(S_2^+ + S_2^-) \\
&\quad + \frac{1}{4}\left(\frac{S_1^+ - S_1^-}{i}\right)\left(\frac{S_2^+ - S_2^-}{i}\right) \\
&= \frac{1}{2}(S_1^+ S_2^- + S_1^- S_2^+)
\end{aligned} \tag{8.41}
$$

であるので

$$(S_1^x S_2^x + S_1^y S_2^y)|\pm,\pm\rangle = 0 \tag{8.42}$$

$$(S_1^x S_2^x + S_1^y S_2^y)|\pm,\mp\rangle = \frac{1}{2}|\mp,\pm\rangle \tag{8.43}$$

である．これらより，ハミルトニアンは

$$\mathcal{H} = -\frac{J}{4}\begin{pmatrix} 1 & 0 & 0 & 0 \\ 0 & -1 & 2 & 0 \\ 0 & 2 & -1 & 0 \\ 0 & 0 & 0 & 1 \end{pmatrix} \tag{8.44}$$

である．固有値，固有ベクトルは

$$
\begin{aligned}
\lambda_1 &= -\tfrac{J}{4}, & |1\rangle &= |+,+\rangle \\
\lambda_2 &= -\tfrac{J}{4}, & |2\rangle &= \tfrac{|+,-\rangle + |-,+\rangle}{\sqrt{2}} \\
\lambda_3 &= \tfrac{3}{4}J, & |3\rangle &= \tfrac{|+,-\rangle - |-,+\rangle}{\sqrt{2}} \\
\lambda_4 &= -\tfrac{J}{4}, & |4\rangle &= |-,-\rangle
\end{aligned} \tag{8.45}
$$

である．これから，分配関数は

$$Z = 3e^{\frac{1}{4}\beta J} + e^{-\frac{3}{4}\beta J} \tag{8.46}$$

であり，エネルギーは

$$
\begin{aligned}
E &= -\frac{\partial \ln Z}{\partial \beta} = -\frac{3\frac{J}{4}e^{\frac{1}{4}\beta J} - \frac{3J}{4}e^{-\frac{3}{4}\beta J}}{3e^{\frac{1}{4}\beta J} + e^{-\frac{3}{4}\beta J}} \\
&= -\frac{3}{4}J\frac{e^{\frac{1}{4}\beta J} - e^{-\frac{3}{4}\beta J}}{3e^{\frac{1}{4}\beta J} + e^{-\frac{3}{4}\beta J}}
\end{aligned} \tag{8.47}
$$

である．

$S_1^x = \frac{S_+ + S_1^-}{2}$
$S_1^y = \frac{S_+ - S_1^-}{2i}$
$S_1^+|-\rangle = |+\rangle$,
$S_1^-|+\rangle = |-\rangle$
である．

基底状態をそれぞれの場合で考えると，$J>0$ の場合は2つのスピンが強磁性的に結合し，全スピン $\boldsymbol{S} = \boldsymbol{S}_1 + \boldsymbol{S}_2$ は $|S| = 1$ である．この状態は，$S_z = -1, 0, 1$ の3重に縮退した状態であり，**スピン3重項状態** (triplet state) とよばれる．それに対し，$J < 0$ の場合は全スピン $\boldsymbol{S} = \boldsymbol{S}_1 + \boldsymbol{S}_2$ が $|S| = 0$ である．この状態は，$S_z = 0$ の状態であり，**スピン1重項状態** (singlet state) とよばれる，エネルギーが3倍も低くなっている量子系特有の状態である．

$J > 0$ のときは低温で $E \sim -J/4$ であり，$J < 0$ のときは低温で $E \sim -3|J|/4$ である．

4. $(S_1^z - S_2^z)^2 = (2 \times \frac{1}{4} - 2S_1^z S_2^z)$ であり，

$$\langle 1|S_1^z S_2^z|1\rangle = \frac{1}{4}, \quad \langle 2|S_1^z S_2^z|2\rangle = -\frac{1}{4},$$

$$\langle 3|S_1^z S_2^z|3\rangle = -\frac{1}{4}, \quad \langle 4|S_1^z S_2^z|4\rangle = \frac{1}{4} \tag{8.48}$$

であるので，

$$\begin{aligned}\langle (S_1^z - S_2^z)^2\rangle &= \frac{1}{2} - 2 \times \frac{1}{4}\frac{e^{\frac{1}{4}\beta J} - e^{-\frac{3}{4}\beta J}}{3e^{\frac{1}{4}\beta J} + e^{-\frac{3}{4}\beta J}} \\ &= \frac{1}{2}\left(\frac{2e^{\frac{1}{4}\beta J} + 2e^{-\frac{3}{4}\beta J}}{3e^{\frac{1}{4}\beta J} + e^{-\frac{3}{4}\beta J}}\right)\end{aligned} \tag{8.49}$$

$T \to 0$ で，$J > 0$ の場合 $1/3$，$J < 0$ の場合 1 となる．

例題 11 の発展問題

11-1. $S = 1/2$ の場合のブリルアン関数を求めよ．

11-2. $S = \infty$ の場合のブリルアン関数を求めよ．

11-3. $S = 1/2$ のスピン 2 つがハイゼンベルク結合している系

$$\mathcal{H} = -J\boldsymbol{S}_1 \cdot \boldsymbol{S}_2 - a(S_1^z - S_2^z) \tag{8.50}$$

が温度 T の熱平衡状態にある場合に，$S_1^z - S_2^z$ の a に対する応答（交代帯磁率：staggerd susceptibility）

$$\chi_{\rm st} = \left.\frac{\partial\langle (S_1^z - S_2^z)\rangle}{\partial a}\right|_{a=0} \tag{8.51}$$

の温度依存性を求めよ．

例題 12　量子系での応答と相関関数

1. 系のハミルトニアン $\mathcal{H}_0$ と A が交換しない ($[\mathcal{H}_0, A] \neq 0$) 場合，外場 a のもと

$$\mathcal{H} = \mathcal{H}_0 - aA \tag{8.52}$$

での物理量 A の平均を求める表式を導け．

2. 物理量 A の共役な場 a への応答を求め，量子系での応答と相関関数の関係を求めよ．

考え方

量子系では，物理量間の非可換性によって，相関関数や応答関数の表式で注意しなくてはならない点が出てくる．物理量の温度依存性を分配関数から求める場合に，物理量が系のハミルトニアンと交換しない場合は，各次数のキュムラントを非可換性に注意した表式を量子系での摂動論によって求める．たとえば，古典的な場合のカークウッドの関係が一般化される．

‖解答‖

1. 物理量 A の期待値は

$$\langle A \rangle = \frac{1}{Z}\mathrm{Tr}Ae^{-\beta\mathcal{H}}, \quad Z = \mathrm{Tr}e^{-\beta\mathcal{H}}, \quad \mathcal{H} = \mathcal{H}_0 - aA \tag{8.53}$$

である．この期待値は，外場を含む自由エネルギー

$$F(T,a) = -k_{\mathrm{B}}T\ln Z(a), \quad Z(a) = \mathrm{Tr}e^{-\beta\mathcal{H}_0+\beta aA} \tag{8.54}$$

から

$$\langle A \rangle = -\frac{\partial F(T,a)}{\partial a} = k_{\mathrm{B}}T\frac{\frac{\partial}{\partial a}\mathrm{Tr}e^{-\beta\mathcal{H}_0+\beta aA}}{\mathrm{Tr}e^{-\beta\mathcal{H}_0+\beta aA}} \tag{8.55}$$

としても与えられる．これらが一致することを確認しておく．

ワンポイント解説

$Z(a)$ の a に関する微分を行うのに，計算を見通しよくするため

$$a = a_0 + \xi \tag{8.56}$$

とおく．そして

$$F = \mathcal{H} = \mathcal{H}_0 - a_0 A, \quad G = -\xi A \tag{8.57}$$

とし，演算子に関する一般的公式（例題 12 の発展問題）

$$e^{\beta(F+G)} = e^{\beta F}\left[1 + \int_0^\beta d\lambda e^{-\lambda F} G e^{\lambda(F+G)}\right] \tag{8.58}$$

を用いて ξ に関する摂動を行う．ξ の 1 次までで

$$e^{-\beta(\mathcal{H}-\xi A)} = e^{-\beta\mathcal{H}}\left[1 + \int_0^\beta d\lambda e^{\lambda\mathcal{H}} \xi A e^{-\lambda\mathcal{H}}\right] \tag{8.59}$$

となる．これから式 (8.55) は

$$\begin{aligned}\langle A\rangle &= k_{\rm B}T \left.\frac{\frac{\partial}{\partial\xi}\mathrm{Tr}\, e^{-\beta\mathcal{H}+\beta\xi A}}{\mathrm{Tr}\, e^{-\beta\mathcal{H}+\beta\xi A}}\right|_{\xi=0} \\ &= \frac{k_{\rm B}T}{\mathrm{Tr}\, e^{-\beta\mathcal{H}}}\mathrm{Tr}\, e^{-\beta\mathcal{H}} \int_0^\beta d\lambda e^{\lambda\mathcal{H}} A e^{-\lambda\mathcal{H}}\end{aligned} \tag{8.60}$$

であり，トレースの性質 $\mathrm{Tr}\, ABC = \mathrm{Tr}\, CAB$ を用いると

$$\langle A\rangle = \frac{1}{\mathrm{Tr}\, e^{-\beta\mathcal{H}}}\mathrm{Tr}\, e^{-\beta\mathcal{H}} A \tag{8.61}$$

となり，式 (8.53) と同じ形になる．

これは A と $\mathcal{H}$ が交換する場合と同じである．そのため，平均は直接的な表式 (8.53) によって求めた値と，自由エネルギーの微分として熱力学的に求めた値が一致する．そのため，平均を求める場合は A と $\mathcal{H}$ が交換するかどうかは気にしなくてよい．

2. $\langle A(a)\rangle$ の a への $a=0$ での応答関数は

$$\chi_{aa} = \frac{\partial\langle A(a)\rangle}{\partial a} = \frac{1}{\beta}\frac{\partial^2 \ln Z(a)}{\partial a^2} \tag{8.62}$$

であり，分配関数の微分を用いると

$$\chi_{aa} = \frac{1}{\beta}\left(\frac{\frac{\partial^2 Z(a)}{\partial a^2}}{Z(a)} - \left(\frac{\frac{\partial Z(a)}{\partial a}}{Z(a)}\right)^2\right)$$
$$= \frac{1}{\beta}\frac{1}{Z(a)}\frac{\partial^2 Z(a)}{\partial a^2} - \beta\langle A\rangle^2 \qquad (8.63)$$

と表せる．もし，$\mathcal{H}_0$ と A が交換すると

$$\frac{1}{Z(a)}\frac{\partial^2 Z(a)}{\partial a^2} = \beta^2\langle A^2\rangle \qquad (8.64)$$

であり，古典的な場合のカークウッドの関係 (3.28) となる．

しかし，$\mathcal{H}_0$ と A が交換しない場合には，少し複雑となる．その様子を調べるため，分配関数の外場による 2 階微分について調べる．ここでも $a = a_0 + \xi$ として $e^{-\beta(\mathcal{H}_0 - a_0 A - \xi A)} = e^{-\beta(\mathcal{H} - \xi A)}$ を ξ の 2 次まで展開する．

$$e^{-\beta\mathcal{H}}\left[1 + \int_0^\beta d\lambda e^{\lambda\mathcal{H}}\xi A e^{-\lambda\mathcal{H}}\left[1 + \int_0^\lambda d\lambda' e^{\lambda'\mathcal{H}}\xi A e^{-\lambda'\mathcal{H}}\right]\right] \qquad (8.65)$$

これから

$$\left.\frac{\partial^2 Z(a)}{\partial a^2}\right|_{a=a_0} = \left.\frac{\partial^2 Z(a)}{\partial \xi^2}\right|_{\xi=0}$$
$$= 2\mathrm{Tr}\int_0^\beta d\lambda\int_0^\lambda d\lambda' e^{-(\beta-\lambda+\lambda')\mathcal{H}} A e^{-(\lambda-\lambda')\mathcal{H}} A \qquad (8.66)$$

となる．ここで積分変数を変えて，形を整理する．まず $\lambda'' = \lambda - \lambda'$ とすると

$$\left.\frac{\partial^2 Z(a)}{\partial a^2}\right|_{a=a_0}$$
$$= 2\mathrm{Tr}\int_0^\beta d\lambda\int_0^\lambda d\lambda'' e^{-(\beta-\lambda'')\mathcal{H}} A e^{-\lambda''\mathcal{H}} A \qquad (8.67)$$

である．ここで $\lambda'' = \beta - x$ とすると

$$\left.\frac{\partial^2 Z(a)}{\partial a^2}\right|_{a=a_0}$$
$$= 2\mathrm{Tr}\int_0^\beta d\lambda \int_\beta^{\beta-\lambda} d(-x) e^{-x\mathcal{H}} A e^{-(\beta-x)\mathcal{H}} A$$
$$= 2\mathrm{Tr}\int_0^\beta d\lambda \int_{\beta-\lambda}^{\beta} dx e^{-(\beta-x)\mathcal{H}} A e^{-x\mathcal{H}} A \qquad (8.68)$$

であるので，両者を足して，積分領域を統合し，λ の積分を実行すると

$$\frac{\partial^2 Z(a)}{\partial a^2} = \beta \mathrm{Tr}\int_0^\beta d\lambda' e^{-(\beta-\lambda')\mathcal{H}} A e^{-\lambda'\mathcal{H}} A \qquad (8.69)$$

となる．これから応答関数は

$$\chi_{aa} = \beta\left(\frac{1}{\beta Z}\mathrm{Tr}\int_0^\beta d\lambda' e^{-(\beta-\lambda')\mathcal{H}} A e^{-\lambda'\mathcal{H}} A - \langle A\rangle^2\right) \qquad (8.70)$$

で与えられる．

ここで現れた積分で表される相関関数

$$\langle A;A\rangle \equiv \frac{1}{Z}\frac{1}{\beta}\mathrm{Tr}\int_0^\beta d\lambda' e^{-(\beta-\lambda')\mathcal{H}} A e^{-\lambda'\mathcal{H}} A \qquad (8.71)$$

は

$$\langle A;A\rangle = \frac{1}{\beta}\int_0^\beta d\lambda' \langle e^{\lambda'\mathcal{H}} A e^{-\lambda'\mathcal{H}} A\rangle \qquad (8.72)$$

とも書ける．これは単なる $\langle A\rangle^2$ とは異なる．

これは，A と $\mathcal{H}_0$ が交換するときの $\beta(\langle A^2\rangle - \langle A\rangle^2)$ とは異なる．

平均の場合には Tr の性質を用いて $e^{-\lambda'\mathcal{H}}$ を移動して $e^{-(\beta-\lambda')\mathcal{H}}$ との積として $e^{-\beta\mathcal{H}}$ となり λ' 依存性をなくすことができたが，相関関数の場合，A があいだにあるので Tr の性質を用いても λ' 依存性をなくすことができない．

この相関関数はカノニカル相関とよばれる．

例題 12 の発展問題

12-1. 式 (8.58) を示せ

12-2. ハミルトニアンと非可換な演算子 A,B の時間相関関数 $\langle A(t)B\rangle$ において A と B の順序を逆にすると

$$\langle A(t)B\rangle = \langle BA(t+i\beta\hbar)\rangle = \langle B(-t-i\beta\hbar)A\rangle \tag{8.73}$$

であることを示せ. この関係は **KMS の関係 (Kubo-Martin-Schwinger relation)** とよばれる[1].

12-3. この関係を Fourier 変換したものをスペクトル強度として

$$\Phi_{AB}[\omega] = \frac{1}{2\pi}\int_{-\infty}^{\infty} dt e^{-i\omega t}\langle A(t)B\rangle \tag{8.74}$$

と定義すると,

$$\Phi_{AB}[\omega] = e^{-\beta\hbar\omega}\Phi_{BA}[-\omega] \tag{8.75}$$

の関係が得られる. この関係を示せ. このスペクトル強度で A と B の順番を入れ替えたときの関係も KMS の関係としてよく用いられる.

[1] R. Kubo, J. Phys. Soc. Jpn. **12**, 570 (1957); P. C. Martin and J. Schwinger, Phys. Rev. **115**, 115 (1959). R. Haag, M. Winnink, and N. M. Hugenholtz, Commun. Math. Phys. **5**, 215, (1967).

重要度
★★★

9 密度行列

《内容のまとめ》

一般に密度行列とは状態を表す演算子で，その状態への射影演算子で与えられる．系がある量子力学的状態 $|\Psi\rangle$ にある場合，系は**純粋状態** (pure state) にあるという．その場合，密度行列は

$$\rho_1 = |\Psi\rangle\langle\Psi|, \tag{9.1}$$

で与えられる．このとき $\langle\Psi|\rho_1|\Psi\rangle = 1$ であるのに対し，$|\Psi\rangle$ と直交する状態 $|\Phi\rangle$ に対しては $\langle\Phi|\rho_1|\Phi\rangle = 0$ である．そこで，$|\Psi_1\rangle = |\Psi\rangle$ とした完全直交基底 $\{|\Psi_k\rangle\}$ $(k = 1, \ldots, M)$ で ρ_1 を表示すると，$(\rho)_{11}$ 成分だけが 1 で，他の行列要素は 0 となる行列となる．ρ_1 を他の完全直交基底 $\{|\phi_i\rangle\}$

$$|\phi_i\rangle = \sum_{k=1}^{M} c_{ik}|\Psi_k\rangle, \quad |\Psi_i\rangle = \sum_{k=1}^{M} c_{ki}^*|\phi_k\rangle \tag{9.2}$$

で表すと，m 番目の固有状態にあるときの密度行列は

$$\rho_1 = |\Psi_m\rangle\langle\Psi_m| = \sum_{k,l} c_{km}^* c_{lm}|\phi_k\rangle\langle\phi_l|, \quad (\rho_1)_{kl} = c_{km}^* c_{lm} \tag{9.3}$$

と複雑な行列になるが，それを対角化すると，当然 $|\Psi_m\rangle$ が密度行列の固有状態の 1 つであり，それに対応する対角成分が 1 で，他は 0 となる．このことから，ある密度行列を対角化したとき，どれか 1 つの対角要素が 1 で，他が 0 となる場合は，系は純粋状態にある．

カノニカル集団での出現確率を表す演算子

$$\rho_{\rm eq} = \frac{1}{Z} e^{-\beta \mathcal{H}} \tag{9.4}$$

はカノニカル分布の密度行列とよばれ，量子統計力学で現れる新規な概念である．

この行列をハミルトニアンの固有状態からなる基底 $\{|\phi_i\rangle\}(\mathcal{H}|\phi_i\rangle = E_i|\phi_i\rangle)$ で表すと

$$\rho_{\rm eq} = \frac{1}{Z}\sum_{k=1}^{M} p_i|\phi_i\rangle\langle\phi_i| \quad p_i = \frac{1}{Z}e^{-\beta E_i}, \tag{9.5}$$

である．この密度行列 $\rho_{\rm eq}$ の i 番目の固有値は p_i であり，$\rho_{\rm eq}$ は純粋状態ではない．これは，カノニカル分布はある 1 つの量子状態ではなく，どの純粋状態が実現しているのが確定しておらず，k 番目のエネルギー固有状態が実現している確率が p_k であることを表している．このような状態は，**混合状態 (mixed state)** とよばれる．この場合も

$$\mathrm{Tr}\,\rho = \sum_{i=1}^{M} p_i = 1 \tag{9.6}$$

の関係となる．カノニカル集団での任意の量子状態 $|\psi\rangle$ の出現確率は

$$P(\psi) = \frac{1}{Z}\langle\psi|e^{-\beta\mathcal{H}}|\psi\rangle = \langle\psi|\rho|\psi\rangle \tag{9.7}$$

である．ここで現れた確率 p_i は，純粋状態の重ね合わせによる量子力学での観測にかかわる確率ではなく，各状態の統計的出現確率であることに注意しよう．

例題 13　密度行列の例

1. 密度行列 ρ の自乗のトレースは純粋状態では $\mathrm{Tr}\,\rho^2 = 1$，混合状態では $\mathrm{Tr}\,\rho^2 < 1$ であることを示せ．
2. 大きさ $S = 1/2$ のスピンが x 方向を向いている場合の波動関数を，S_z を対角化する基底で求め，その場合の密度行列を求めよ．また，このとき $S_z = 1/2$ が観測される確率を求めよ．
3. 大きさ $S = 1/2$ のスピン系で，$S_z = \pm 1/2$ の状態がそれぞれ $1/2$ の確率で存在する混合状態にあるときの密度行列を求め，上で求めた密度行列と比較せよ．
4. 大きさ $S = 1/2$ のスピンが磁場中にあり，

$$\mathcal{H} = -g\mu_{\mathrm{B}} H S_z, \quad h = g\mu_{\mathrm{B}} H \tag{9.8}$$

温度 T での熱平衡状態にある場合の密度行列を求めよ．また，磁場が x 方向にかかった場合 ($\mathcal{H} = -g\mu_{\mathrm{B}} H S_x$) の密度行列を S_z を対角化する基底で求めよ．

考え方

統計的状態を表すのに便利な密度行列の重要な性質として，密度行列での純粋状態と混合状態の判別の方法を調べる．さらに，具体例として，$S = 1/2$ のスピンのいろいろな状態での密度行列を調べ，熱平衡状態の密度行列の具体例も示す．

‖解答‖

1. 密度行列の対角成分を $\rho_{kk}, k = 1, \ldots, M$ とすると，$\sum_k \rho_{kk} = 1$ である．純粋状態では ρ_{kk} のどれか 1 つが 1 で，他は 0 であるので

$$\sum_k \rho_{kk}^2 = 1 \tag{9.9}$$

である．一般に

ワンポイント解説

$$\sum_k \rho_{kk}^2 \leq \left(\sum_k \rho_{kk}\right)^2 = 1 \tag{9.10}$$

であり，等号が成立するのは，どれか1つが1で，他が0のとき，つまり純粋状態のときであるので，混合状態では

$$\sum_k \rho_{kk}^2 < 1 \tag{9.11}$$

である．

2. $S = 1/2$ のスピンの S_z 成分を対角化する基底で S_x 表現すると

$$S_x = \frac{1}{2}\begin{pmatrix} 0 & 1 \\ 1 & 0 \end{pmatrix} \tag{9.12}$$

であり，その固有状態は

$$\frac{1}{2}\begin{pmatrix} 0 & 1 \\ 1 & 0 \end{pmatrix}|\Psi_\pm\rangle = \pm\frac{1}{2}|\Psi_\pm\rangle, \quad |\Psi_\pm\rangle = \frac{1}{\sqrt{2}}\begin{pmatrix} 1 \\ \pm 1 \end{pmatrix} \tag{9.13}$$

であるので，x 方向を向いた状態は

$$|\Psi_+\rangle = \frac{1}{\sqrt{2}}\begin{pmatrix} 1 \\ 1 \end{pmatrix} \tag{9.14}$$

であり，密度行列は

$$\rho_x = |\Psi_+\rangle\langle\Psi_+| = \frac{1}{2}\begin{pmatrix} 1 & 1 \\ 1 & 1 \end{pmatrix} \tag{9.15}$$

この行列を対角化するとその固有値は1,0であり，$\mathrm{Tr}\,\rho = 1$，$\mathrm{Tr}\,\rho^2 = 1$ を満たし，純粋状態である．

である．この状態でスピンの z 成分が $\pm 1/2$ と観測される確率はそれぞれ

$$\langle +|\rho|+\rangle = \frac{1}{2}, \quad \langle -|\rho|-\rangle = \frac{1}{2} \tag{9.16}$$

で同じである.

3. $S_z = \pm 1/2$ の状態がそれぞれ 1/2 の確率で存在する混合状態での密度行列 $\rho_{\rm mix}$ は，系が $S_z = \pm 1/2$ の固有状態:

$$|+\rangle = \begin{pmatrix} 1 \\ 0 \end{pmatrix}, \quad |-\rangle = \begin{pmatrix} 0 \\ 1 \end{pmatrix} \tag{9.17}$$

にあるときの，それぞれの状態での密度行列（つまり，射影演算子）の和

$$\begin{aligned} \rho_{\rm mix} &= p(+)|+\rangle\langle+| + p(-)|-\rangle\langle-| \\ &= \frac{1}{2}\begin{pmatrix} 1 & 0 \\ 0 & 0 \end{pmatrix} + \frac{1}{2}\begin{pmatrix} 0 & 0 \\ 0 & 1 \end{pmatrix} = \frac{1}{2}\begin{pmatrix} 1 & 0 \\ 0 & 1 \end{pmatrix} \end{aligned} \tag{9.18}$$

で与えられ，式 (9.15) の場合とは違っている.

4. 系の固有エネルギーを $-h/2, h/2$ とし，分配関数を Z とすると，固有状態を基底とする行列は

$$\rho = \frac{1}{Z}\begin{pmatrix} e^{\frac{1}{2}\beta h} & 0 \\ 0 & e^{-\frac{1}{2}\beta h} \end{pmatrix}, \quad Z = 2\cosh\left(\frac{1}{2}\beta h\right) \tag{9.20}$$

である.

磁場が x 方向にかかった場合の密度行列は式 (9.15) であり，磁場が $-x$ 方向にかかった場合の状態は

$$|\Psi_-\rangle = \frac{1}{\sqrt{2}}\begin{pmatrix} 1 \\ -1 \end{pmatrix} \tag{9.21}$$

であり，密度行列は

・この行列では

$$\mathrm{Tr}\,\rho = 1, \quad \mathrm{Tr}\,\rho^2 = \frac{1}{2} \tag{9.19}$$

であり，状態は混合状態である.

$$\rho_{-x} = |\Psi_-\rangle\langle\Psi_-| = \frac{1}{2}\begin{pmatrix} 1 & -1 \\ -1 & 1 \end{pmatrix} \tag{9.22}$$

であるので

$$\rho = \frac{1}{Z}\left[e^{\frac{1}{2}\beta H}\begin{pmatrix} 1 & 1 \\ 1 & 1 \end{pmatrix} + e^{-\frac{1}{2}\beta h}\begin{pmatrix} 1 & -1 \\ -1 & 1 \end{pmatrix}\right] \tag{9.23}$$

$$= \frac{1}{Z}\begin{pmatrix} \cosh(\beta h/2) & \sinh(\beta h/2) \\ \sinh(\beta h/2) & \cosh(\beta h/2) \end{pmatrix} \tag{9.24}$$

である.

例題 13 の発展問題

13-1. 希薄な量子理想気体のカノニカル分布での密度行列を求めよ.

重要度
★★★

10 状態密度

《内容のまとめ》

統計力学の手法は，同じエネルギーをもつ状態数を数えることが基本である．そこで，同様の性質をもち，同じ統計力学的重みをもつ状態の数をあらかじめ調べておくと和をとるとき便利である．たとえば，エネルギーが同じ状態の数を $D(E)$ とすると，分配関数は

$$Z = \sum_{i:\text{すべての状態}} e^{-\beta E_i} = \sum_{E} \sum_{\text{エネルギーが } E \text{ の状態}} e^{-\beta E} = \int dE D_E(E) e^{-\beta E} \tag{10.1}$$

と表される．ここでの $D_E(E)$ はミクロカノニカル集団での状態数 $W(E)$ と同じものであるが，上のように表した場合 $D_E(E)$ と書き，エネルギーの状態密度という．

たとえば自由粒子系などのように，エネルギーが波数の関数である場合，同じエネルギーを与える基準振動の波数の数を数えることで状態の数が得られる．エネルギー E が波数 k の関数 $E(k)$ とすると

$$Z = \int dE D_E(E) e^{-\beta E} = \int dk \left(\frac{dE}{dk}\right) D_E(E(k)) e^{-\beta E(k)} \tag{10.2}$$

である．これを

$$Z = \int dk D_k(k) e^{-\beta E(k)}, \quad D_k(k) = \left(\frac{dE}{dk}\right) D_E(E(k)) \tag{10.3}$$

と書く場合，$D_k(k)$ を波数の状態密度という．実際には，状態数は波数空間で数えるため，

$$D_E(E) = D_k(k(E)) \left(\frac{dE}{dk} \right)^{-1} \tag{10.4}$$

として，エネルギーの状態密度が求められる．

その他，スペクトルなどを論じる場合は角振動数の大きさ ω の状態密度 $D_\omega(\omega)$ も用いられる．状態密度 D の添え字はしばしば省略されるが，関数形は何の状態密度かによって異なることに注意しよう．

例題 14　波数の状態密度

1. 1 次元系（一辺が L）での波数の状態密度を求めよ．
2. 3 次元系（一辺が L の立方体）での波数の状態密度を求めよ．
3. エネルギーが波数の関数として $E = E(k)$ で与えられている場合のエネルギーの状態密度を求めよ．
4. 角振動数 ω が波数の関数として $\omega = \omega(k)$ で与えられている場合の角振動数の状態密度を求めよ．

考え方

与えられた境界条件のもとで許される波数の数から波数空間での状態密度を具体的に求める．そこで求めた状態密度は波数で与えられる諸量の状態密度の基本となる，

具体的に，エネルギーや振動数に関する状態密度への変換を調べる．

‖解答‖

1. 系の長さを L とし，両端で固定される境界条件

$$\Phi(0) = 0, \quad \Phi(L) = 0 \tag{10.5}$$

を課すと，許される波（基本モード）は

$$\Phi(x) = A\sin(k_x x), \quad k_x = \frac{n_x \pi}{L}, \quad n_x = 1, 2, \ldots, \infty \tag{10.6}$$

である．波数に関する和は

$$\sum_{n_x=1}^{\infty} \tag{10.7}$$

で数えられ，L が大きい場合には k に関する積分で与えられる．$k_x = \frac{n_x\pi}{L}$ であるので，

$$\sum_{n_x=1}^{\infty} \to \frac{L}{\pi}\int_0^{\infty} dk \tag{10.8}$$

ワンポイント解説

・波数とは，たとえば，1 次元系で波形が $\Phi(x) = Ae^{ikx}$ で表される波の k のことである．A は波の振幅である．一般には k は任意の値をとれるが，系の境界条件によってその値が制限される．

となる．

波数 k の関数として表される量 $A(k)$ のモードに関する和を

$$\sum_{n_x=1}^{\infty} A(k) = \int_0^{\infty} A(k) D_{1D}(k) dk \tag{10.9}$$

と表すとき

$$D_{1D}(k)dk = \frac{L}{\pi} dk \tag{10.10}$$

である．この関係は，波数が $k \sim k + dk$ のあいだにある波の数が $\frac{L}{\pi}dk$ であることを表している．そこで，1 次元での波数の状態密度は

$$D_{1D}(k) = \frac{L}{\pi} \tag{10.11}$$

である．

2. 一辺の長さが L の立方体中での波数の状態密度を考える．固定端をもつ立方体では，x, y, z の 3 方向でそれぞれ式 (10.6) と同様な条件がつくので，波数に関する条件は

$$(k_x, k_y, k_z) = \left(\frac{n_x \pi}{L}, \frac{n_y \pi}{L}, \frac{n_z \pi}{L} \right),$$
$$n_x, n_y, n_z = 1, 2, \ldots, \infty \tag{10.12}$$

であり，3 次元の状態の数は

$$\begin{aligned}\sum_{n_x=0}^{\infty} \sum_{n_y=0}^{\infty} \sum_{n_z=0}^{\infty} &= \frac{L}{\pi} \int_0^{\infty} dk_x \frac{L}{\pi} \int_0^{\infty} dk_y \frac{L}{\pi} \int_0^{\infty} dk_z \\ &= \left(\frac{L}{\pi} \right)^3 \int_0^{\infty} \int_0^{\infty} \int_0^{\infty} dk_x dk_y dk_z\end{aligned} \tag{10.13}$$

である．そこで，

$$D_{3D}(k_x,k_y,k_z)dk_xdk_ydk_z = \left(\frac{\pi}{L}\right)^3 dk_xdk_ydk_z$$
$$\to D_{3D}(k_x,k_y,k_z) = \left(\frac{\pi}{L}\right)^3 \tag{10.14}$$

である．

しかしこの形が直接使われることは少ない．多くの場合，物理量は波数の大きさ $k^2=k_x^2+k_y^2+k_z^2$ だけの関数である．その場合，(k_x,k_y,k_z) を極座標で表し

$$dk_xdk_ydk_z = \sin\theta d\theta d\phi k^2 dk \tag{10.15}$$

角度部分の積分を実行すると

$$\int_0^{2\pi} d\phi \int_0^{\pi} \sin\theta d\theta k^2 dk = 4\pi k^2 dk \tag{10.16}$$

である．波数の大きさが $k \sim k+dk$ にある状態の数（k の状態密度）は，固定境界条件の場合，$n_x = 1,2,\ldots, n_y = 1,2,\ldots, n_z = 1,2,\ldots,$ であることから $k_x,k_y,k_z > 0$ であるので，全立体角の 1/8 の部分が寄与することに注意して

$$D_{3\mathrm{D}}(k)dk = \frac{1}{8}\left(\frac{L}{\pi}\right)^3 4\pi k^2 dk = \frac{1}{2}\left(\frac{L}{\pi}\right)^3 \pi k^2 dk \tag{10.17}$$

である．L^3 を系の体積 V で表し

$$D_{3\mathrm{D}}(k)dk = \frac{V}{2\pi^2}k^2 dk \tag{10.18}$$

とまとめられる．

・$D_{3\mathrm{D}}(k)$ は波数の状態密度とよばれる．通常，「波数の大きさ」の状態密度とはいわない．

これを用いると，波数の大きさ k の関数で与えられる物理量 $A(k)$ の期待値は

$$\langle A\rangle = \int_0^{\infty} A(k)D_{3\mathrm{D}}(k)dk \tag{10.19}$$

で与えられる．

上では固定端境界条件で考えたが，境界条件を周期的境界条件で考えると波は

$$\Psi(x) = Ae^{ik_x x} \tag{10.20}$$

で表され，この場合，許される波数は

$$k_x = \frac{2\pi}{L}n_x, \quad n_x = 0, \pm 1, \pm 2, \ldots \tag{10.21}$$

で与えられる．この場合

$$\sum_{n_x=-\infty}^{\infty} = \frac{L}{2\pi}\int_{-\infty}^{\infty} dk \tag{10.22}$$

であり，状態の数は

$$\begin{aligned}
&\sum_{n_x=-\infty}^{\infty}\sum_{n_y=-\infty}^{\infty}\sum_{n_z=-\infty}^{\infty} \\
&= \frac{L}{2\pi}\int_{-\infty}^{\infty} dk_x \frac{L}{2\pi}\int_{-\infty}^{\infty} dk_y \frac{L}{2\pi}\int_{-\infty}^{\infty} dk_z \\
&= \left(\frac{L}{2\pi}\right)^3 \int_{-\infty}^{\infty}\int_{-\infty}^{\infty}\int_{-\infty}^{\infty} dk_x dk_y dk_z
\end{aligned} \tag{10.23}$$

である．これから，波数の大きさが $k \sim k + dk$ にある状態の数（k の状態密度）は，

$$D_{\mathrm{3D}}(k) = \left(\frac{L}{2\pi}\right)^3 4\pi k^2 dk \tag{10.24}$$

であるので，式 (10.17) の形と同じになる．

・ここでは立方体で考えたが，どのような形の系でも，波数が小さい場合式 (10.17) の形になる．

3. エネルギーと波数の関係である分散関係が

$$E = E(k) \tag{10.25}$$

で与えられる場合，エネルギーに関する状態密度 $D_E(E)$ は

$$dE = \frac{dE(k)}{dk}dk \tag{10.26}$$

を用いて

$$\langle A \rangle = \int_0^\infty A(k) D_k(k) dk$$
$$= \int_0^\infty A(k(E)) D_k(k(E)) \frac{dE}{\left(\frac{dE(k)}{dk}\right)}$$
$$\equiv \int_0^\infty A(k(E)) D_E(E) dE \tag{10.27}$$

で定義される．つまり，

$$D_E(E) = \frac{D_k(k(E))}{\left(\frac{dE(k)}{dk}\right)} \tag{10.28}$$

である．

・普通，状態密度というときはこの量 $D_E(E)$ を指す．このエネルギーに関する状態密度 $D_E(E)$ は通常単に $D(E)$ と書かれる．

理想気体の場合には，

$$E = \frac{1}{2m} p^2 = \frac{\hbar^2}{2m} k^2, \tag{10.29}$$

$$\frac{dE}{dk} = \frac{\hbar^2}{m} k = \frac{\hbar^2}{m} \sqrt{\frac{2mE}{\hbar^2}} = \frac{\hbar}{m} \sqrt{2mE} \tag{10.30}$$

であるので，状態密度 $D_E(E)$ は，

$$D_k(k) dk = \frac{V}{2\pi^2} k^2 dk = \frac{V}{2\pi^2} \frac{2mE}{\hbar^2} \left(\frac{dE(k)}{dk}\right)^{-1} dE$$
$$= D_E(E) dE \tag{10.31}$$

の関係より

$$D_E(E) = 2\pi V \left(\frac{2m}{h^2}\right)^{3/2} \sqrt{E} \tag{10.32}$$

で与えられる．

4. 上での $E(k)$ を $\omega(k)$ に変える．特に，波の分散としてよく出てくる

$$\omega(k) = ck \tag{10.33}$$

の場合を考える．この場合

$$\frac{d\omega}{dk} = c \tag{10.34}$$

であるので

$$D_k(k)dk = \frac{V}{2\pi^2}k^2 dk = \frac{V}{2\pi^2}\frac{\omega^2}{c^2}\frac{d\omega}{c} = D_\omega(\omega)d\omega \tag{10.35}$$

より，ω の状態密度は

$$D_\omega(\omega) = \frac{V}{2\pi^2}\frac{1}{c^3}\omega^2 \tag{10.36}$$

である．

例題 14 の発展問題

14-1. 理想気体のエネルギーの状態密度を 1 次元，2 次元で求め，2 次元では E によらないこと，また 1 次元では $E = 0$ で発散することを確認せよ．この発散はファン・ホーベ特異性 (Van Hove singularity) とよばれる．

例題 15　黒体輻射

1. 電磁波の各周波数のモードに，エネルギー等分配則に従い $k_{\mathrm{B}}T$ のエネルギーを与えるとした場合の黒体輻射のスペクトルの角振動数依存性を求めよ．
2. 電磁波の各周波数のモードに，その角振動数をもつ量子化された調和振動子のエネルギー与えるとした場合の黒体輻射のスペクトルの角振動数依存性を求めよ．
3. 上の 2 つの場合が，周波数の小さい所で一致することを示せ．また，両者の違いが現れる周波数の温度依存性を求めよ．

考え方

前問で求めた周波数に関する状態密度を用いて，黒体輻射のエネルギースペクトルを求める．周波数の大きさが同じ場合，電磁波の熱平衡での出現確率は同じである．例題 10 で求めた調和振動子のエネルギーの温度依存性を用いて，古典的なレイリー・ジーンズの輻射公式や，量子的なプランクの輻射公式が出てくることを確認する．

解答

1. 真空中の電磁場の各モードごとに調和振動子のエネルギー $k_{\mathrm{B}}T$ を与えられるとすると，角振動数 $\omega \sim \omega + d\omega$ の大きさをもつ電磁波のエネルギースペクトル $E(\omega, T)d\omega$ は，波動の状態密度は，偏光の自由度 2 を考慮すると式 (10.36) で与えた状態密度の 2 倍になり

$$D(\omega) = \frac{V}{\pi^2}\frac{1}{c^3}\omega^2 \tag{10.37}$$

となる．これを用いてエネルギースペクトルは

$$E(\omega, T)d\omega = k_{\mathrm{B}}TD(\omega)d\omega = k_{\mathrm{B}}T\frac{V}{\pi^2}\frac{1}{c^3}\omega^2 d\omega \tag{10.38}$$

で与えられる．

ワンポイント解説

・このスペクトル関数はレイリー・ジーンズ (**Rayleigh-Jeans**) の輻射法則とよばれる．この法則では，ω が小さな長波長領域での実験結果は説明できるが，エネルギーが高い大きな ω では，$E(\omega, T)$ が ω^2 に比例して単調に増

2. 電磁波のそれぞれのモードを角振動数が ω の調和振動子と考え，量子力学的な調和振動子のエネルギーの温度依存性 (8.28) を用いると，電磁波のエネルギー（スペクトル）は

$$E(\omega, T)d\omega = \frac{D(\omega)}{e^{\beta\hbar\omega}-1}d\omega = \frac{V}{\pi^2 c^3}\frac{\hbar\omega^3}{e^{\beta\hbar\omega}-1}d\omega \tag{10.39}$$

で与えられる．

3. プランクの輻射法則 (10.39) において分母の $e^{\beta\hbar\omega}-1$ を $\beta\hbar\omega$ が小さい所で展開すると

$$e^{\beta\hbar\omega}-1 \simeq \beta\hbar\omega = \frac{\hbar\omega}{k_{\mathrm{B}}T} \tag{10.40}$$

であるので，レイリー・ジーンズの輻射法則 (10.38) と一致する．両者に差が出てくるのは $\hbar\omega \sim k_{\mathrm{B}}T$ となるような温度領域にある場合である．両者の $\hbar\omega$ 依存性を図 10.1 に図示する．

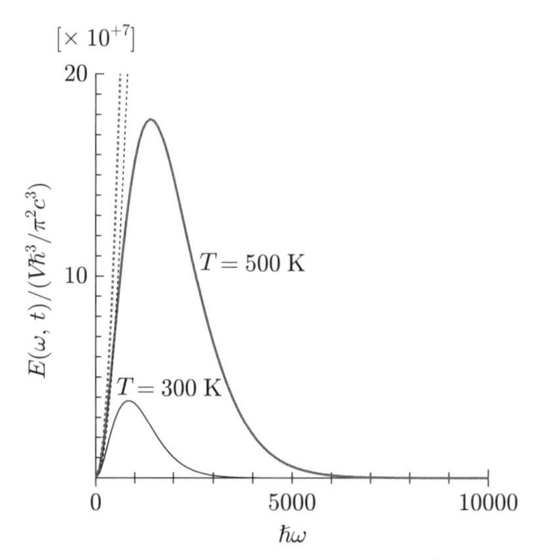

図 10.1: $T = 500\,\mathrm{K}$ での，プランクの輻射法則 (10.39) とレイリー・ジーンズの輻射法則 (10.38) を太い実線と波線で示す．小さな ω で両者は一致する．

加し，実験結果を説明できない．

・この分布はプランク (**Planck**) の輻射法則とよばれるプランクが現象論的に提唱した形と一致し，すべての角振動数領域で実験結果を説明できた．この発見は，量子力学の構築に重要な役割を果たした．

例題 15 の発展問題

15-1. 温度 T の平衡状態での輻射の全エネルギーが温度 T の 4 乗に比例することを示せ. この性質をシュテファン-ボルツマン (**Stefan-Boltzmann**) の輻射法則という.

15-2. 単位時間あたりに面積 S の穴から熱放射によって黒体から放出されるエネルギーを求めよ.

重要度
★★★

11 縮退理想気体

《内容のまとめ》

量子理想気体

第 9 章で説明したように，体積が L^3 の立方体の容器（周期境界条件）に閉じ込められた質量 m の 1 個の粒子からなる理想気体の固有エネルギーは

$$\mathcal{H}|n_x, n_y, n_z\rangle = \left(\frac{1}{2m}\boldsymbol{p}^2\right)|n_x, n_y, n_z\rangle = E(n_x, n_y, n_z)|n_x, n_y, n_z\rangle \quad (11.1)$$

$$E(n_x, n_y, n_z) = \frac{\hbar^2(2\pi)^2}{2mL^2}(n_x^2 + n_y^2 + n_z^2) \quad (11.2)$$

で与えられる．

系が N 個の同種粒子からなる場合，古典系では，同じ粒子配置をとる状態を数えすぎないため，すべての粒子が異なる状態にあるという仮定のもとに，分配関数を $N!$ で割る操作をした（第 9 章）．気体が希薄な場合には，量子系でもすべての粒子が異なる状態 (n_x, n_y, n_z) をもつとし，1 粒子の分配関数 Z_1 を用いて，式 (8.19)

$$Z_N = \frac{1}{N!}(Z_1)^N$$

とした．

しかし，系を量子力学的に取り扱う場合，状態は整数 (n_x, n_y, n_z) で離散的に分離されているので，異なる粒子が同じ状態をとる確率は古典的な場合のように常にゼロとはみなせない．低温では同じ状態を複数の粒子が占める場合を考慮しなくてはならなくなる．たとえば，すべての粒子が基底状態 $(n_x, n_y, n_z) = (0, 0, 0)$ にある状態は，Z_N の中で 1 回しか出てこないので，

$N!$ で割るのは明らかに間違いである．このように複数個の粒子が同じ状態を占める場合の状態数を場合分けして求めるのは困難で，大きな N では事実上不可能となる．

そこで，系の状態を各固有状態 (n_x, n_y, n_z) をいくつの粒子が占有しているかで指定することにする．同種粒子からなる多体系の量子状態の粒子交換に関する対称性を考慮すると，3 次元では同一の状態を占有できる粒子数 $N_{\max}$ が無限大の場合 $(N_{\max} = \infty)$ と，1 の場合 $(N_{\max} = 1)$ があることが知られている．前者はボース・アインシュタイン (Bose-Einstein) 粒子，後者はフェルミ・ディラック (Fermi-Dirac) 粒子とよばれる（2 次元では，エニオンとよばれる状態が許され，興味深い現象を引き起こすが，ここでは触れない）．

各状態 (n_x, n_y, n_z) にある粒子数を $N_{(n_x,n_y,n_z)}$ とすると，

$$N_{(n_x,n_y,n_z)} = 0, \ldots, N_{\max} \tag{11.3}$$

の値をとりうる．しかし，全粒子数を N と固定すると

$$\sum_{n_x=0}^{N_{\max}} \sum_{n_y=0}^{N_{\max}} \sum_{n_z=0}^{N_{\max}} N_{(n_x,n_y,n_z)} = N \tag{11.4}$$

の制約がつき，分配関数を具体的に求めることは難しい．

そこで，粒子数を固定する制約をはずし，各状態を粒子は独立に占めることができるとする．系の粒子密度を制御するために，粒子に関する化学ポテンシャル μ を導入し平均的に粒子数の和が N になるように調整する．つまり，グランドカノニカル集団の方法を用いることにする．

量子理想気体の各状態を占めることができる粒子数の最大値を $N_{\max}$ とするとき，化学ポテンシャルを μ とすると，大分配関数は

$$\Xi = \prod_{n_x,n_y,n_z} \left(\sum_{N_{(n_x,n_y,n_z)}=0}^{N_{\max}} e^{-\beta N_{(n_x,n_y,n_z)}(E(n_x,n_y,n_z)-\mu)} \right) \tag{11.5}$$

である．ここでの和は等比級数であるので $N_{\max}$ の値によらず簡単にとれる．このときのグランドポテンシャル $(J = -k_{\mathrm{B}}T \ln \Xi)$ は

$$J = -k_{\rm B}T \sum_{n_x,n_y,n_z} \ln\left(\sum_{N_{(n_x,n_y,n_z)}=0}^{N_{\max}} e^{-\beta N_{(n_x,n_y,n_z)}(E(n_x,n_y,n_z)-\mu)}\right) \tag{11.6}$$

である.

全粒子数は

$$\langle N\rangle = \sum_{(n_x,n_y,n_z)} \frac{\displaystyle\sum_{N_{(n_x,n_y,n_z)}=0}^{N_{\max}} N_{(n_x,n_y,n_z)} e^{-\beta N_{(n_x,n_y,n_z)}(E(n_x,n_y,n_z)-\mu)}}{\displaystyle\sum_{N_{(n_x,n_y,n_z)}=0}^{N_{\max}} e^{-\beta N_{(n_x,n_y,n_z)}(E(n_x,n_y,n_z)-\mu)}} \tag{11.7}$$

書き直すと

$$\langle N\rangle = \frac{\partial}{\partial(\beta\mu)} \ln \Xi \tag{11.8}$$

で与えられる.

この関係を用いて全粒子数の平均値 $\langle N\rangle$ が制約条件 (11.4) で与えられた N と同じになるように化学ポテンシャルを決める.

つまり，カノニカル分布のように全粒子数を与えられた確定値 N とすることはできないが，全粒子数が平均としてその値になるように化学ポテンシャル μ を調整し，近似的に全粒子数が与えられた値になるようにするのである．熱力学的極限では，粒子数は平均値のまわりに鋭く分布し，マクロには確定値をもつのでこの方法が正当化される．このようにして、全粒子数が与えられている場合の熱力学的性質を議論することができる．ここで仮定したように，グランドカノニカル集団とカノニカル集団でマクロな量の振る舞いが一致する場合を熱力学的に正常な状態という.

ボース・アインシュタイン粒子の場合 ($N_{\max} = \infty$)，和は等比数列の無限和となり，

$$\sum_{N_{(n_x,n_y,n_z)}=0}^{\infty} N_{(n_x,n_y,n_z)} e^{-\beta N_{(n_x,n_y,n_z)}(E(n_x,n_y,n_z)-\mu)}$$

$$= \frac{1}{1-e^{-\beta(E(n_x,n_y,n_z)-\mu)}} \tag{11.9}$$

である．各基準モード (n_x, n_y, n_z) を波数

$$(k_x, k_y, k_z) = \frac{2\pi}{L}(n_x, n_y, n_z) \tag{11.10}$$

で表し，そのときのエネルギーを $E_{(k_x,k_y,k_z)}$ とする．エネルギーが $k(=\sqrt{k_x^2+k_y^2+k_z^2})$ の関数の場合を考えることが多いので，以下では E_k で表す．このとき，大分配関数は

$$\Xi_{\rm BE} = \prod_{(k_x,k_y,k_z)} \left(\frac{1}{1-e^{-\beta(E_k-\mu)}}\right) \tag{11.11}$$

となる．ただし，和が収束するためには $E_k - \mu > 0$ であることが必要であることに注意しよう．各エネルギー E_k をもつ粒子の数の期待値は

$$\langle N_{(k_x,k_y,k_z)}\rangle = \frac{e^{-\beta(E_k-\mu)}}{1-e^{-\beta(E_k-\mu)}} = \frac{1}{e^{\beta(E_k-\mu)}-1} \tag{11.12}$$

である．このエネルギー E をもつ粒子の密度

$$f_{\rm BE}(E,T,\mu) = \frac{1}{e^{\beta(E-\mu)}-1} \tag{11.13}$$

をボース・アインシュタイン **(Bose-Einstein)** 分布という．f は自由エネルギーではないので注意しよう．

フェルミ・ディラック粒子の場合は $N_{\rm max} = 1$ であるので，和は粒子数 0 と 1 の場合のみとればよいので

$$\langle N_{(k_x,k_y,k_z)}\rangle = \frac{e^{-\beta(E_k-\mu)}}{1+e^{-\beta(E_k-\mu)}} = \frac{1}{1+e^{\beta(E_k-\mu)}} \tag{11.14}$$

であり，エネルギー E をもつ粒子の密度は

$$f_{\rm FD}(E,T,\mu) = \frac{1}{1+e^{\beta(E-\mu)}} \tag{11.15}$$

であり，フェルミ・ディラック **(Fermi-Dirac)** 分布とよばれる．

例題 16　フェルミエネルギー

1. 体積 V の容器の中に N 個の電子が入っている場合の $T=0$ での化学ポテンシャル（フェルミエネルギー (Fermi energy)）を求めよ．ただし，電子はスピンの自由度 2 をもつことに注意せよ．
2. この系の低温での化学ポテンシャルの温度依存性を求めよ．
3. この系の低温でのエネルギーの温度依存性を求めよ．

考え方

量子力学におけるエネルギーの離散性が有意になる低温での理想気体の性質をフェルミ・ディラック粒子の場合に調べる．ここで重要な概念としてフェルミエネルギーが現れる．電子はフェルミ・ディラック粒子であるのでフェルミ・ディラック統計の熱力学的性質は物性物理学で重要な役割を果たす．

‖解答‖

ワンポイント解説

1. $T=0, (\beta=\infty)$ では $E-\mu_0<1$ では $e^{\beta(E-\mu_0)}=0$，$E-\mu_0>1$ では $e^{\beta(E-\mu_0)}=\infty$ であるので，フェルミ・ディラック分布

$$f_{\mathrm{FD}}(E,\mu_0)=\frac{1}{e^{\beta(E-\mu_0)}+1}$$

は

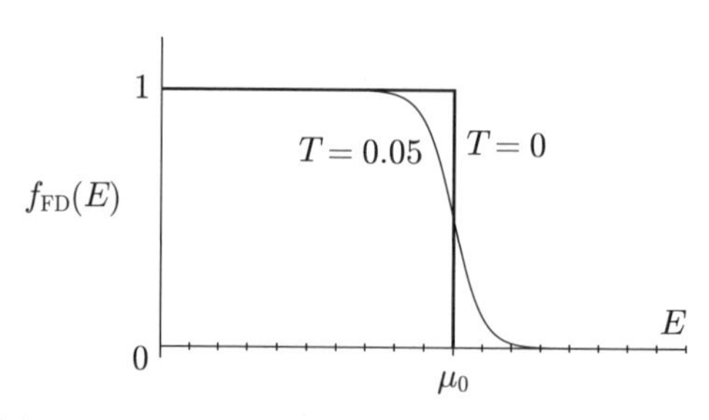

図 11.1: $T=0,\ 0.05$ でのフェルミ・ディラック分布

$$\lim_{\beta\to\infty} f_{\mathrm{FD}}(E,\mu_0) = \begin{cases} 1 & E<\mu_0 \\ 0 & E>\mu_0 \end{cases} \tag{11.16}$$

である．これはエネルギーを最小にするため，粒子のエネルギーが小さい状態から順に準位を占有した状態である．この様子を図 11.1 に示す．

このときの化学ポテンシャルは粒子数によって決まる．3 次元の状態密度 (10.32) を用いると

$$D_0 = 2\pi V\left(\frac{2m}{h^2}\right)^{3/2} \tag{11.17}$$

であるので，スピンの自由度 2 を考慮して

$$N = \sum_{(k_x,k_y,k_z),\sigma=\pm} N_{(k_x,k_y,k_z),\sigma} = 2\times\int_0^{E_{\mathrm{F}}} D_0\sqrt{E}dE$$
$$= 4\pi V\left(\frac{2m}{h^2}\right)^{3/2}\frac{2}{3}E_{\mathrm{F}}^{3/2} \tag{11.18}$$

である．これから $\mu_0 = E_{\mathrm{F}}$ は

$$\mu_0 = \frac{h^2}{2m}\left(\frac{3}{8\pi}\frac{N}{V}\right)^{2/3} = \frac{\hbar^2}{2m}\left(3\pi^2\frac{N}{V}\right)^{2/3} \tag{11.19}$$

である．

・この μ_0 は基底状態でのフェルミエネルギーあるいはフェルミ準位 **(Fermi level)** とよばれる．

2. 有限温度では熱励起のため，フェルミ・ディラック分布は図 11.1 に示すように $E=\mu_0$ での角がなまってくる．このなまりの幅は温度に比例する．

有限温度での化学ポテンシャル μ は

$$\langle N\rangle = 2\times D_0\int_0^{\infty}\frac{1}{e^{\beta(E-\mu)}+1}\sqrt{E}dE \tag{11.20}$$

で決まる．こうして決まった $\mu(T)$ を用いて，任意の物理量 A の平均は

$$\langle A\rangle = 2\times D_0\int_0^\infty \frac{A(E)}{e^{\beta(E-\mu(T))}+1}\sqrt{E}dE \quad (11.21)$$

で与えられる．式 (11.21) を低温で展開すると以下の式が得られる（発展問題 16–2）．

$$\langle A\rangle = 2\times\int_0^\mu D_0 A(E)\sqrt{E}dE + 2\times 2\pi V\frac{\pi^2}{6}(k_{\mathrm{B}}T)^2\left(\frac{2m}{h^2}\right)^{\frac{3}{2}}\frac{d}{d\mu}(\sqrt{\mu}A(\mu))\cdots \quad (11.22)$$

この展開はゾンマーフェルト展開 **(Sommerfeld expansion)** とよばれる．

化学ポテンシャルの温度変化はゾンマーフェルト展開において $A(E)=1$ として

$$\langle N\rangle = \int_0^\mu 2D_0\sqrt{E}dE + 4\pi V\frac{\pi^2}{6}(k_{\mathrm{B}}T)^2\left(\frac{2m}{h^2}\right)^{\frac{3}{2}}\frac{1}{2\sqrt{\mu}}\cdots \quad (11.23)$$

である．式 (11.18) を用いると

$$4\pi V\left(\frac{2m}{\hbar^2}\right)^{3/2}\frac{2}{3}\mu_0^{3/2} = \int_0^\mu D(E)dE + 4\pi V\frac{\pi^2}{6}(k_{\mathrm{B}}T)^2\left(\frac{2m}{h^2}\right)^{\frac{3}{2}}\frac{1}{2\sqrt{\mu}}\cdots \quad (11.24)$$

であり，整理すると

$$\mu_0^{\frac{3}{2}} = \mu(T)^{\frac{3}{2}}\left[1+\frac{\pi^2}{8}\left(\frac{k_{\mathrm{B}}T}{\mu}\right)^2\right] \quad (11.25)$$

である．式 (11.25) から化学ポテンシャルの T が小さいときの変化は

$$\mu = \mu_0 \left(1 - \frac{\pi^2}{12}\left(\frac{k_{\mathrm{B}}T}{\mu_0}\right)^2 + \cdots\right) \tag{11.26}$$

で与えられる．

3. さらに，エネルギーの温度変化は $A(E) = E$ として

$$\langle E\rangle = \int_0^{\mu} E2D_0\sqrt{E}dE + 4\pi V\frac{\pi^2}{6}(k_{\mathrm{B}}T)^2\left(\frac{2m}{h^2}\right)^{\frac{3}{2}}\frac{3}{2}\mu^{\frac{1}{2}}$$
$$= 4\pi V\left(\frac{2m}{h^2}\right)^{\frac{3}{2}}\left(\frac{2}{5}\mu^{\frac{5}{2}} + \frac{\pi^2}{4}(k_{\mathrm{B}}T)^2\mu^{\frac{1}{2}}\right) \tag{11.27}$$

である．化学ポテンシャルの低温での温度変化に注意して，整理すると

$$E = E_0\left(1 + \frac{5\pi^2}{12}\left(\frac{k_{\mathrm{B}}T}{\mu_0}\right)^2\right) \tag{11.28}$$

となる．したがって低温での比熱は

$$C = \frac{dE}{dT} = \frac{5\pi^2 E_0}{6}\left(\frac{k_{\mathrm{B}}}{\mu_0}\right)^2 T \tag{11.29}$$

であり，T に比例する．

例題 16 の発展問題

16-1. 銅の密度は $N/V \simeq 8.5 \times 10^{28}\ \mathrm{m}^{-3}$ であり，銅は，価電子は原子あたり，つまり格子点あたり 1 つである．$T = 0$ でのフェルミエネルギーを求めよ．

16-2. ゾンマーフェルト展開を導出せよ．

例題 17　ボース・アインシュタイン凝縮

1. 体積 V の容器の中に閉じ込められたボース・アインシュタイン粒子からなる理想気体で，有限のエネルギーをもつ粒子数の最大値を求めよ．
2. 上で求めた最大値より多い粒子が容器の中に存在するとき，どのような状態になるか考察せよ．
3. 低温での比熱を求めよ．

考え方

量子力学におけるエネルギーの離散性が有意になる低温での理想気体の性質をボース・アインシュタイン粒子の場合に調べる．ここで重要な概念としてボース・アインシュタイン凝縮が現れる．また，縮退状態での比熱の温度依存性が簡単に求められることを確認する．

‖解答‖

ワンポイント解説

1. ボース・アインシュタイン分布での粒子数の期待値は

$$\langle N\rangle = \beta\frac{\partial \ln \Xi}{\partial \mu} = D_0\int_0^\infty \frac{\sqrt{E}}{e^{\beta(E-\mu)}-1}dE$$
$$= 2\pi V\left(\frac{2mk_{\mathrm{B}}T}{h^2}\right)^{\frac{3}{2}}\int_0^\infty \frac{x^{1/2}}{e^{x-\beta\mu}-1}dx \quad (11.30)$$

である．式 (11.30) で与えられる粒子数は化学ポテンシャルの単調増加関数である．化学ポテンシャルはエネルギーの最小値 ($E=0$) より大きくなくてはならないので，式 (11.30) の最大値は $\mu\to 0$ のときの値で

$$\langle N\rangle_{\max} = 2\pi V\left(\frac{2mk_{\mathrm{B}}T}{h^2}\right)^{\frac{3}{2}}\int_0^\infty \frac{x^{1/2}}{e^{x}-1}dx \quad (11.31)$$

である．ここでの定積分は収束し，変形されたツェータ関数とよばれる

$$\phi(z,s)=\frac{1}{\Gamma(z)}\int_0^\infty \frac{x^{z-1}}{e^x/s-1}dx \tag{11.32}$$

で表される．ここで，$\Gamma(z)$ はガンマ関数 (2.21) である．これを用いて

$$\langle N\rangle_{\max}=2\pi V\left(\frac{2mk_{\mathrm{B}}T}{h^2}\right)^{\frac{3}{2}}\phi\left(\frac{3}{2},1\right)\Gamma\left(\frac{3}{2}\right)<\infty \tag{11.33}$$

である．

2. 容器内の粒子数 N が $\langle N\rangle_{\max}$ より大きな場合，入りきらない粒子数

$$\Delta N=N-\langle N\rangle_{\max} \tag{11.34}$$

は，ボース・アインシュタイン分布の粒子数が不定である $E=0$ の状態に入らなくてはならない．このように，$E=0$ の状態にマクロな数の粒子が入る状況は**ボース・アインシュタイン凝縮 (Bose-Einstein condensation)** とよばれる．

そのようなことが許されるのは，和を積分に変えたときのトリックによる．この場合，1 つの量子状態にマクロな数の粒子が入ることになる．$\langle N\rangle$ を求めるときの積分表示はこのような状況は考慮されていなかった．このような場合，被積分関数はデルタ関数を含むことになる．

与えられた粒子数 N に対して，ボース・アインシュタイン凝縮が始まる温度 T_{BEC} は $N=\langle N\rangle_{\max}$ より

$$k_{\mathrm{B}}T_{\mathrm{BEC}}=\frac{h^2}{2m}\left(\frac{N}{2\pi V}\phi\left(\frac{3}{2},1\right)\Gamma\left(\frac{3}{2}\right)\right)^{-\frac{2}{3}} \tag{11.35}$$

で与えられる．

3. $T\le T_{\mathrm{BEC}}$ では $\mu=0$ であるので，エネルギーは

$$E=2\pi V\left(\frac{2mk_{\mathrm{B}}T}{h^2}\right)^{\frac{3}{2}}k_{\mathrm{B}}TD_0(k_{\mathrm{B}}T)^{5/2}\int_0^\infty\frac{x^{3/2}}{e^x-1}dx \tag{11.36}$$

と $T^{\frac{5}{2}}$ に比例するので，比熱は

$$C \propto T^{\frac{3}{2}} \tag{11.37}$$

である．

例題 17 の発展問題

17-1. $T \leq T_{\mathrm{BEC}}$ で圧力の温度依存性を求めよ．

17-2. 古典理想気体の扱いが正当化される条件を求めよ．特に，量子効果が顕著になる粒子間の距離（熱的ド・ブロイ波長）を求めよ．

17-3. 1，2 次元では，式 (11.33) での積分が発散（赤外発散 (infrared divergence)）するため，ボース・アインシュタイン凝縮が起こらないことを示せ．

重要度 ★★★

12 相互作用がある系での分配関数

《内容のまとめ》

分配関数を計算する際にすべての状態の和をとる必要があった．たとえば N 個の 2 準位系ではすべての状態の数は 2^N であり，N とともに指数関数的に増大する．状態数の指数的増大は 2 準位系に限らず一般的に起こり，和を直接的にとることは大きな N で困難になる．

これまで扱ってきた系では，構成要素間に相互作用がないため，和が個別の要素での和の N 乗で表せたため，簡単に和がとれた．たとえば，

$$\sum_{-\cdots-}^{++\cdots+} e^{\beta h(\sigma_1+\cdots+\sigma_N)} = \left(\sum_{-,+} e^{\beta h\sigma_1}\right)^N \tag{12.1}$$

しかし，構成要素間に相互作用がある場合には，実際に 2^N の和をとらなくてはならない．これは，一般にたいへんであり，転送行列の方法などの工夫や，平均場近似など近似方法，さらにはモンテカルロ法 (Monte Carlo method) など数値実験的方法が考案されている．

以下では，主にハミルトニアンが

$$\mathcal{H} = -J\sum_{<ij>} \sigma_i\sigma_j - H\sum_{i=1}^{N} \sigma_i \tag{12.2}$$

で与えられるイジング模型を例として相互作用のある系での熱力学的振る舞いを考える．このモデルでは，$\sigma_i = \pm 1$ をとるイジングスピンが格子点上にあ

り，結合定数 J で相互作用している（図 4.1）．今後 $g\mu_B$ を省略する．H の効果は外部磁場によるゼーマンエネルギーに相当する．$J > 0$ の場合，すべてのスピンがそろっている場合 $(\sigma_1 = \sigma_2 = \cdots = \sigma_N = \pm 1)$ に，エネルギーが最小となるので強磁性モデルとよばれる．

例題 18　有限系で直接計算と部分和と転送行列の方法

1. 1 次元的に並んだ 4 つの格子点上のイジング模型（図 12.1）

$$\mathcal{H}_{\mathrm{OBC14}} = -J(\sigma_1\sigma_2 + \sigma_2\sigma_3 + \sigma_3\sigma_4) \tag{12.3}$$

の分配関数を求める．全体の分配関数を直接 $(++++) \sim (----)$ の 16 個の状態の和をとることで求めよ．

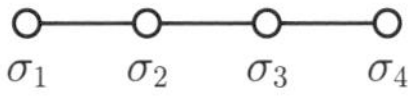

σ_1　σ_2　σ_3　σ_4

図 12.1: スピン 4 個からなる 1 次元スピン系

2. 2 つのスピンの部分

$$\mathcal{H}_{12} = -J\sigma_1\sigma_2 \tag{12.4}$$

で両端のスピン σ_1, σ_2 を固定した場合の分配関数 $Z_{12}(\sigma_1, \sigma_2)$ の各成分 $Z_{12}(+,+), Z_{12}(+,-), Z_{12}(-,+), Z_{12}(-,-)$ の値を求めよ．3 つのスピンからなる系（図 12.2）

$$\mathcal{H}_{13} = -J(\sigma_1\sigma_2 + \sigma_2\sigma_3) \tag{12.5}$$

で両端のスピン σ_1, σ_3 を固定した場合の分配関数 $Z_{13}(\sigma_1, \sigma_3)$ を $Z_{12}(+,+)$, $Z_{12}(+,-)$, $Z_{12}(-,+), Z_{12}(-,-)$ を用いて表せ[1]．

3. 上の関係を $Z_{12}(\sigma_1, \sigma_2)$，$Z_{13}(\sigma_1, \sigma_3)$ を成分とする 2×2 の行列

$$\begin{pmatrix} Z_{12}(+,+) & Z_{12}(+,-) \\ Z_{12}(-,+) & Z_{12}(-,-) \end{pmatrix}, \quad \begin{pmatrix} Z_{13}(+,+) & Z_{13}(+,-) \\ Z_{13}(-,+) & Z_{13}(-,-) \end{pmatrix} \tag{12.6}$$

を用いて表せ．

4. $\mathcal{H}_{\mathrm{OBC14}}$ の分配関数を σ_1, σ_4 を固定した分配関数 $Z_{14}(\sigma_1, \sigma_4)$ で表し，それらの和をとることで全体の分配関数を求めよ．

5. $Z_{14}(\sigma_1, \sigma_4)$ を用いて，4 つの格子点からなる環状のイジング模型（周期的境界条件を課した模型）

[1] このように，自由度の一部の状態和をとることを部分和という．

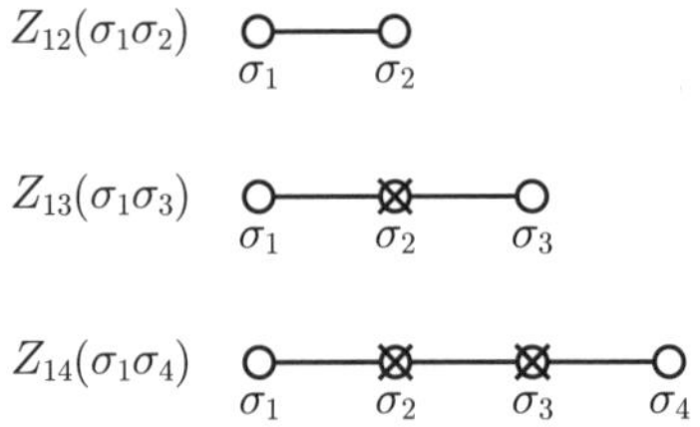

$Z_{12}(\sigma_1\sigma_2)$　σ_1 — σ_2

$Z_{13}(\sigma_1\sigma_3)$　σ_1 — σ_2 — σ_3

$Z_{14}(\sigma_1\sigma_4)$　σ_1 — σ_2 — σ_3 — σ_4

図 12.2: 両端を指定した分配関数 $Z_{12}(\sigma_1,\sigma_2)$, $Z_{13}(\sigma_1,\sigma_3)$, $Z_{14}(\sigma_1,\sigma_4)$

$$\mathcal{H} = -J(\sigma_1\sigma_2 + \sigma_2\sigma_3 + \sigma_3\sigma_4 + \sigma_4\sigma_1) \tag{12.7}$$

の分配関数を求めよ.

6. N 個のスピンからなる 1 次元イジング模型（自由境界条件）

$$\mathcal{H} = -J\sum_{i=1}^{N}\sigma_i\sigma_{i+1} \tag{12.8}$$

の分配関数を求めよ.

7. N 個のスピンからなる 1 次元イジング模型（周期境界条件）

$$\mathcal{H} = -J\sum_{i=1}^{N}\sigma_i\sigma_{i+1} \quad \sigma_{N+1} = \sigma_1 \tag{12.9}$$

の分配関数を求めよ.

考え方

相互作用のある系での分配関数は系全体のすべての状態に関する和をとらなくてはならない. その例を小さなイジング模型で実行するとともに, 1 次元系には和の取り方に関する巧妙な方法として転送行列の方法があることを導き, 1 次元イジング模型の分配関数を求める.

‖解答‖

ワンポイント解説

1. スピンが $(++++), (+++-), (++-+)\cdots, (----)$ の場合のエネルギーは, それぞれ $-3J, -J,$

$J, \ldots, -3J$ であるので

$$Z = e^{3\beta J} + e^{\beta J} + e^{-\beta J} + \cdots + e^{3\beta J}$$
$$= 2e^{\beta 3J} + 6e^{\beta J} + 6e^{-\beta J} + 2e^{-3\beta J} \quad (12.10)$$

となる．これは

$$Z = 2\left(e^{\beta J} + e^{-\beta J}\right)^3 \quad (12.11)$$

と書けることに注意.

・この結果は，$\tau_1 = \sigma_1\sigma_2$，$\tau_2 = \sigma_2\sigma_3$，$\tau_3 = \sigma_3\sigma_4$ が独立に ± 1 をとれること，σ_1 自身の値が ± 1 をとれることを用いると，ただちに求めることができる.

2. $e^{-\beta J \sigma_1 \sigma_2}$ であるので

$$Z_{12}(++) = e^{\beta J}, \quad Z_{12}(+-) = e^{-\beta J},$$

$$Z_{12}(-+) = e^{-\beta J}, \quad Z_{12}(-,-) = e^{\beta J} \quad (12.12)$$

である．$Z_{13}(\sigma_1, \sigma_3)$ は σ_2 の ± 1 の和をとったものであるので

$$\begin{aligned}
& \qquad\quad \sigma_2 = 1 \qquad\qquad\qquad \sigma_2 = -1 \\
Z_{13}(+,+) &= Z_{12}(+,+)e^{\beta J} + Z_{12}(+,-)e^{-\beta J}, \\
Z_{13}(+,-) &= Z_{12}(+,+)e^{-\beta J} + Z_{12}(+,-)e^{\beta J}, \\
Z_{13}(-,+) &= Z_{12}(-,+)e^{\beta J} + Z_{12}(-,-)e^{-\beta J}, \\
Z_{13}(-,-) &= Z_{12}(-,+)e^{-\beta J} + Z_{12}(-,-)e^{\beta J}
\end{aligned} \quad (12.13)$$

と表せる.

3. 上の関係は

$$\begin{pmatrix} Z_{13}(+,+) & Z_{13}(+,-) \\ Z_{13}(-,+) & Z_{13}(-,-) \end{pmatrix}
= \begin{pmatrix} Z_{12}(+,+) & Z_{12}(+,-) \\ Z_{12}(-,+) & Z_{12}(-,-) \end{pmatrix} \begin{pmatrix} e^{K} & e^{-K} \\ e^{-K} & e^{K} \end{pmatrix} \quad (12.14)$$

と表される（ただし，$k = \beta J$）．一般に $Z_k(\sigma_1, \sigma_k)$

・以降では k 個のスピンからなる系で両端のスピンを固定した場合の分配関数 $Z_{1k}(\sigma_1, \sigma_k)$ を単に $Z_k(\sigma_1, \sigma_k)$ と書く.

と $Z_{k+1}(\sigma_1, \sigma_{k+1})$ の関係は

$$\begin{pmatrix} Z_{k+1}(+,+) & Z_{k+1}(+,-) \\ Z_{k+1}(-,+) & Z_{k+1}(-,-) \end{pmatrix}$$
$$= \begin{pmatrix} Z_k(+,+) & Z_k(+,-) \\ Z_k(-,+) & Z_k(-,-) \end{pmatrix} \begin{pmatrix} e^K & e^{-K} \\ e^{-K} & e^K \end{pmatrix}$$

と表される．また，$k = 2$ のときは

$$\begin{pmatrix} Z_2(+,+) & Z_2(+,-) \\ Z_2(-,+) & Z_2(-,-) \end{pmatrix} = \begin{pmatrix} e^K & e^{-K} \\ e^{-K} & e^K \end{pmatrix} \tag{12.15}$$

であるので，一般の N に関して

$$\begin{pmatrix} Z_N(+,+) & Z_N(+,-) \\ Z_N(-,+) & Z_N(-,-) \end{pmatrix} = \begin{pmatrix} e^K & e^{-K} \\ e^{-K} & e^K \end{pmatrix}^{N-1} \tag{12.16}$$

であることがわかる．ここで，

$$T = \begin{pmatrix} e^K & e^{-K} \\ e^{-K} & e^K \end{pmatrix} \tag{12.17}$$

は転送行列 (**transfer matrix**) とよばれる．

4.　全体の分配関数は，固定していた両端のスピンに関しても和をとり

$$Z = \sum_{\sigma_1=\pm 1} \sum_{\sigma_1=\pm 1} Z_4(\sigma_1, \sigma_4)$$
$$= Z_4(+,+) + Z_4(+,-) + Z_4(-,+) + Z_4(-,-) \tag{12.18}$$

である．具体的計算すると

$$
\begin{aligned}
Z_4(+,+)&=e^{3\beta J}+e^{-\beta J}+e^{-\beta J}+e^{-\beta J}=e^{3\beta J}+3e^{-\beta J},\\
Z_4(+,-)&=e^{\beta J}+e^{\beta J}+e^{-3\beta J}+e^{\beta J}=e^{-3\beta J}+3e^{\beta J},\\
Z_4(-,+)&=e^{\beta J}+e^{-3\beta J}+e^{\beta J}+e^{\beta J}=e^{-3\beta J}+3e^{\beta J},\\
Z_4(-,-)&=e^{-\beta J}+e^{-\beta J}+e^{-\beta J}+e^{3\beta J}=e^{3\beta J}+3e^{-\beta J},
\end{aligned}
\tag{12.19}
$$

の和を実行して

$$
Z=2e^{3\beta J}+6e^{\beta J}+6e^{-\beta J}+2e^{-3\beta J}=2\left(e^{\beta J}+e^{-\beta J}\right)^3 \tag{12.20}
$$

5. $-J\sigma_4\sigma_1$ からの分配関数への寄与 $e^{-K\sigma_4\sigma_1}$ を考慮して

$$
\begin{aligned}
Z = Z_4(+,+)e^{\beta J} + Z_4(+,-)e^{-\beta J} + Z_4(-,+)e^{-\beta J}\\
+ Z_4(-,-)e^{\beta J}
\end{aligned}
\tag{12.21}
$$

であるので

$$
\begin{aligned}
Z&=2e^{\beta J}\times\left(e^{3\beta J}+3e^{-\beta J}\right)+2e^{-\beta J}\times\left(e^{-3\beta J}+3e^{\beta J}\right)\\
&=2\left(e^{4\beta J}+6+e^{-4\beta J}\right).
\end{aligned}
\tag{12.22}
$$

である．

・これは $Z_5(\sigma_1,\sigma_5)$ を仮想的に考え，$\sigma_1=\sigma_5$ として，$Z=Z_5(+,+)+Z_5(-,-)$ としても求められる（こちらのほうが転送行列の方法で標準的な手法：例題 19 参照）．

6. 式 (12.16) の場合と同様に，全体の分配関数は

$$
Z = Z_N(+,+) + Z_N(+,-) + Z_N(-,+) + Z_N(-,-) \tag{12.23}
$$

である．Z_N の行列は，行列の冪乗を求める方法で求められる．つまり，行列 (12.17) を対角化する．

$$\frac{1}{2}\begin{pmatrix} 1 & 1 \\ 1 & -1 \end{pmatrix}\begin{pmatrix} e^{K} & e^{-K} \\ e^{-K} & e^{K} \end{pmatrix}\begin{pmatrix} 1 & 1 \\ 1 & -1 \end{pmatrix} = \begin{pmatrix} 2\cosh K & 0 \\ 0 & 2\sinh K \end{pmatrix} \tag{12.24}$$

式 (12.24) を用いて，

$$\begin{aligned}&\begin{pmatrix} e^{K} & e^{-K} \\ e^{-K} & e^{K} \end{pmatrix}^{N-1} \\ &= \frac{1}{2}\begin{pmatrix} 1 & 1 \\ 1 & -1 \end{pmatrix}\begin{pmatrix} (2\cosh K)^{N-1} & 0 \\ 0 & (2\sinh K)^{N-1} \end{pmatrix}\begin{pmatrix} 1 & 1 \\ 1 & -1 \end{pmatrix} \\ &= \frac{1}{2}\begin{pmatrix} (2\cosh K)^{N-1} + (2\sinh K)^{N-1} & (2\cosh K)^{N-1} - (2\sinh K)^{N-1} \\ (2\cosh K)^{N-1} - (2\sinh K)^{N-1} & (2\cosh K)^{N-1} + (2\sinh K)^{N-1} \end{pmatrix}\end{aligned} \tag{12.25}$$

となる．これから，

$$Z = 2(2\cosh K)^{N-1} \tag{12.26}$$

となる．

7. 周期境界条件の場合には，Z_{N+1} を考え，$\sigma_1 = \sigma_{N+1}$ であるので，全系の分配関数は $Z_{N+1}(+,+)$ と $Z_{N+1}(-,-)$ の和となることを利用すると

$$Z = Z_{N+1}(+,+) + Z_{N+1}(-,-) \tag{12.27}$$

である．この関係は，行列 Z_{N+1} の対角成分のみ和をとることと等しいので

$$Z = \mathrm{Tr}\, Z_{N+1} \tag{12.28}$$

と表される．

これから

$$Z = (2\cosh K)^{N} + (2\sinh K)^{N} \tag{12.29}$$

となる．

・ここでの Tr は，転送行列に関するもので，系のヒルベルト空間ではないことに注意しよう．

例題 18 の発展問題

18-1. 磁場がある場合の N 個のスピンからなる 1 次元イジング模型（周期境界条件）(12.9)

$$\mathcal{H} = -J\sum_{i=1}^{N}\sigma_i\sigma_{i+1} - H\sum_{i=1}^{N}\sigma_i, \quad \sigma_{N+1} = \sigma_1 \tag{12.30}$$

の分配関数を求めよ.

18-2. 上の系での磁化

$$M = \sum_{i=1}^{N}\sigma_i \tag{12.31}$$

の温度変化を求め，低温，高温の極限での値を求めよ.

例題 19　転送行列での相関関数

1. N 個のスピンからなる 1 次元イジング模型（周期境界条件）(12.9)

$$\mathcal{H} = \sum_{i=1}^{N} \sigma_i \sigma_{i+1}, \quad \sigma_{N+1} = \sigma_1 \tag{12.32}$$

でのスピン相関関数

$$\langle \sigma_i \sigma_j \rangle = \frac{\sum_{\{\sigma_k = \pm 1\}} \sigma_i \sigma_j e^{K(\sigma_1 \sigma_2 + \cdots + \sigma_N \sigma_1)}}{\sum_{\{\sigma_k = \pm 1\}} e^{K(\sigma_1 \sigma_2 + \cdots + \sigma_N \sigma_1)}} \tag{12.33}$$

を求めよ.

考え方

前問では転送行列の方法によって分配関数を求めたが，この方法で相関関数やスピン期待値など局所的な物理量を求める方法を調べる.

‖解答‖

1. スピン相関関数 $\langle \sigma_i \sigma_j \rangle$(12.33) を

$$\langle \sigma_i \sigma_j \rangle = \frac{\sum_{\{\sigma_k = \pm 1\}} e^{K\sigma_1\sigma_2} \cdots e^{K\sigma_{i-1}\sigma_i} \sigma_i e^{K\sigma_i\sigma_{i+1}} \cdots e^{K\sigma_{j-1}\sigma_j} \sigma_j e^{K\sigma_j\sigma_{j+1}} \cdots e^{K\sigma_N\sigma_1}}{\sum_{\{\sigma_k = \pm 1\}} e^{K\sigma_1\sigma_2} e^{K\sigma_2\sigma_3} \cdots e^{K\sigma_N\sigma_1}} \tag{12.34}$$

の形に書き，$\sigma_1, \sigma_i, \sigma_j, \sigma_{N+1}$ 以外のスピンの和をとった部分和を用いて表すと

$$\langle \sigma_i \sigma_j \rangle = \frac{\sum_{\sigma_i = \pm 1, \sigma_j = \pm 1} Z(\sigma_1, \sigma_i) S Z(\sigma_i, \sigma_j) S Z(\sigma_j, \sigma_{N+1} = \sigma_1)}{\sum_{\sigma_1 = \sigma_N = \pm 1} Z(\sigma_1, \sigma_{N+1} = \sigma_1)} \tag{12.35}$$

と書ける．ここで，σ_i を表す S は，そこでのスピンの値を与える行列であり

ワンポイント解説

・ここでは Z の下付添え字を省略している.

$$S = \begin{pmatrix} 1 & 0 \\ 0 & -1 \end{pmatrix} \tag{12.36}$$

である．部分和を転送行列を用いて表すと

$$\langle \sigma_i \sigma_j \rangle = \frac{\mathrm{Tr}\, T^{i-1} S T^{j-i} S T^{N+1-j}}{\mathrm{Tr}\, T^N} \tag{12.37}$$

となる．

転送行列 T の固有値，固有ベクトルは

$$\begin{aligned} \begin{pmatrix} e^K & e^{-K} \\ e^{-K} & e^K \end{pmatrix} \begin{pmatrix} 1 \\ 1 \end{pmatrix} &= 2\cosh K \begin{pmatrix} 1 \\ 1 \end{pmatrix} \\ \begin{pmatrix} e^K & e^{-K} \\ e^{-K} & e^K \end{pmatrix} \begin{pmatrix} 1 \\ -1 \end{pmatrix} &= 2\sinh K \begin{pmatrix} 1 \\ -1 \end{pmatrix} \end{aligned} \tag{12.38}$$

を満たす．転送行列の固有状態への S の作用は

$$S \begin{pmatrix} 1 \\ \pm 1 \end{pmatrix} = \begin{pmatrix} 1 \\ \mp 1 \end{pmatrix} \tag{12.39}$$

であるので，スピン相関関数は $2\cosh K = \lambda^+$，$2\sinh K = \lambda^-$ として

$$\langle \sigma_i \sigma_j \rangle = \frac{\lambda_-^{j-i} \lambda_+^{N-j+i} + \lambda_+^{j-i} \lambda_-^{N-j+i}}{\lambda_+^N + \lambda_-^N} \tag{12.40}$$

で与えられる．$|\lambda_+| > |\lambda_-|$ であるので，N が大きいときは

$$\langle \sigma_i \sigma_j \rangle \simeq \frac{\left(\frac{\lambda_-}{\lambda_+}\right)^{j-i} + \left(\frac{\lambda_-}{\lambda_+}\right)^{N-j+i}}{1 + \left(\frac{\lambda_-}{\lambda_+}\right)^N} \simeq \left(\frac{\lambda_-}{\lambda_+}\right)^{j-i} \tag{12.41}$$

であり，

$$\langle \sigma_i \sigma_j \rangle \simeq (\tanh K)^{j-i} \tag{12.42}$$

となる．スピン相関関数を

$$\langle \sigma_i \sigma_j \rangle \simeq e^{-|j-i|/\xi} \tag{12.43}$$

の形に表すと

$$\xi = -\frac{1}{\ln\left(\frac{\lambda_-}{\lambda_+}\right)} = -\frac{1}{\ln(\tanh K)} \tag{12.44}$$

である．

・この ξ は，スピン相関関数の相関長とよばれる．

例題 19 の発展問題

19-1. 両端のスピンを $\sigma_1 = 1, \sigma_N = -1$ と固定した 1 次元スピン系で，中間にあるスピン $\sigma_i \, (1 < i < N)$ の期待値 $\langle \sigma_i \rangle$ を，転送行列を用いて求めよ．

例題 20　はしご格子

転送行列の考え方は，完全な 1 次元系だけでなく，1 次元的な格子にも適用することができる．その例としてはしご格子を考える．はしご格子 (図 12.3) のハミルトニアンは，図 12.3 のように名前が付けられたスピンによって

$$\mathcal{H} = -J\sum_{i=1}^{k}\sigma_i^{(1)}\sigma_i^{(2)} - J\sum_{i=1}^{k-1}\left(\sigma_i^{(1)}\sigma_{i+1}^{(1)} + \sigma_i^{(2)}\sigma_{i+1}^{(2)}\right) \tag{12.45}$$

で与えられる．

1. はしご格子の構成ユニットは

$$\mathcal{H}_2 = -J\sigma_1^{(1)}\sigma_1^{(2)} - J\sigma_1^{(1)}\sigma_2^{(1)} - J\sigma_1^{(2)}\sigma_2^{(2)} \tag{12.46}$$

である．このユニットごとに k を増やしていくとした場合の，はしご格子の転送行列 L_2 を求める．基底ベクトルを $|\sigma^{(1)}, \sigma^{(2)}\rangle$，つまり $(\sigma_1^{(1)}, \sigma_1^{(2)})$ が $(+,+)(+,-)(-,+),(-,-)$ の状態を基底ベクトルにして，L_2 の具体的な行列表示を求めよ．

2. 図 12.3 の $\sigma_1^{(1)}\sigma_2^{(1)}$ の部分を表す，1 次元系での転送行列 T が，パウリ行列 σ_x を用いて

$$T = Z_2(\sigma_1^{(1)}, \sigma_2^{(1)}) = \begin{pmatrix} e^K & e^{-K} \\ e^{-K} & e^K \end{pmatrix} = Ae^{B\sigma_x} \tag{12.47}$$

の形に表せることを示し，A，B を K の関数として求めよ．

3. 2 つの平行なボンド

$$\mathcal{H}_2 = -J\sigma_1^{(1)}\sigma_2^{(1)} - J\sigma_1^{(2)}\sigma_2^{(2)} \tag{12.48}$$

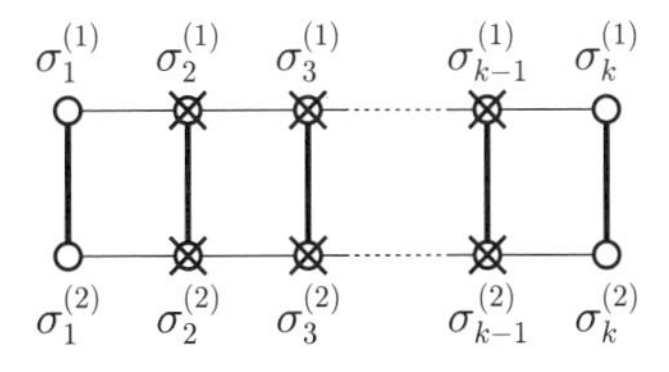

図 12.3: はしご格子での転送行列の方法

の部分の転送行列 T_2 をパウリ行列 $\sigma_x^{(1)}$，$\sigma_x^{(2)}$ を用いて表せ．

4. 転送行列 L_2 をパウリ行列 $\sigma_z^{(1)}$，$\sigma_z^{(2)}$，$\sigma_x^{(1)}$，$\sigma_x^{(2)}$ を用いて表せ．

考え方

転送行列の方法は 1 次元的な格子で一般に有効である．その例としてはしご格子での応用を調べる．その際，転送行列をパウリ行列で表す方法を導入し，幅の広い 1 次元系での転送行列の簡便な表記を導入する．この方法は 2 次元イジング模型の解法につながる．

‖解答‖

1. 行列要素 $((\sigma_1^{(1)}\sigma_1^{(2)}),(\sigma_2^{(1)}\sigma_2^{(2)}))$ を調べる．$-J\sigma_1^{(1)}\sigma_1^{(2)}$ の部分は $\sigma_1^{(1)},\sigma_1^{(2)}$ にしかよらないので，その部分からの寄与は

$$V_2 = \begin{pmatrix} e^K & 0 & 0 & 0 \\ 0 & e^{-K} & 0 & 0 \\ 0 & 0 & e^{-K} & 0 \\ 0 & 0 & 0 & e^K \end{pmatrix} \tag{12.49}$$

である．2 本の平行なボンド (12.48) からの寄与は，個別の場合を具体的に調べると

$$T_2 = \begin{pmatrix} e^{2K} & 1 & 1 & e^{-2K_1} \\ 1 & e^{2K} & e^{-2K} & 1 \\ 1 & e^{-2K} & e^{2K} & 1 \\ e^{-2K} & 1 & 1 & e^{2K} \end{pmatrix} \tag{12.50}$$

である．これらから，

ワンポイント解説

・この行列の基底は $(\sigma_1^{(1)},\sigma_1^{(2)})$ を $(++),(+-),(-+),(--)$ としたものである．

・この形は対称行列でないので，$V_2^{1/2}T_2V_2^{1/2}$ として対称化して用いられることが多い．

$$L_2 = V_2 T_2$$
$$= \begin{pmatrix} e^K & 0 & 0 & 0 \\ 0 & e^{-K} & 0 & 0 \\ 0 & 0 & e^{-K} & 0 \\ 0 & 0 & 0 & e^K \end{pmatrix} \times \begin{pmatrix} e^{2K} & 1 & 1 & e^{-2K_1} \\ 1 & e^{2K} & e^{-2K} & 1 \\ 1 & e^{-2K} & e^{2K} & 1 \\ e^{-2K} & 1 & 1 & e^{2K} \end{pmatrix} \tag{12.51}$$

である.

2. 上では T_2 の行列要素を 1 つずつ直接的に求めたが，量子スピン（パウリ行列）を用いるとコンパクトに求めることができる．$\sigma_x^2 = 1$ であることを利用すると

$$e^{B\sigma^x} = \cosh B + \sigma^x \sinh B = \begin{pmatrix} \cosh B & \sinh B \\ \sinh B & \cosh B \end{pmatrix} \tag{12.52}$$

と書ける．これを転送行列と同じ形に変形すると

$$e^{B\sigma^x} = \sqrt{\cosh B \sinh B} \begin{pmatrix} \sqrt{\frac{\cosh B}{\sinh B}} & \sqrt{\frac{\sinh Ba}{\cosh B}} \\ \sqrt{\frac{\sinh B}{\cosh B}} & \sqrt{\frac{\cosh B}{\sinh B}} \end{pmatrix}$$
$$= A^{-1} \begin{pmatrix} e^K & e^{-K} \\ e^{-K} & e^K \end{pmatrix} \tag{12.53}$$

$$A^{-1} = \sqrt{\cosh B \sinh B},$$
$$K = \ln \sqrt{\frac{\cosh B}{\sinh B}} = -\frac{1}{2} \ln \tanh B \tag{12.54}$$

となる.

3.　上下の列ごとに上で求めた結果を用いると

$$\langle \sigma_1^{(1)}, \sigma_1^{(2)} | T_2 | \sigma_2^{(1)}, \sigma_2^{(2)} \rangle = Z_2(\sigma_1^{(1)}, \sigma_2^{(1)}) Z_2(\sigma_1^{(2)}, \sigma_2^{(2)}) \tag{12.55}$$

である．ここで,

$$B = \tanh^{-1}(e^{-2K}) = -\frac{1}{2}\ln\tanh K \tag{12.56}$$

として

$$\langle \sigma_1^{(1)} | T | \sigma_2^{(1)} \rangle = \langle \sigma_1^{(1)} | A e^{B\sigma_x^{(1)}} | \sigma_2^{(1)} \rangle \tag{12.57}$$

であるので

$$T_2 = A e^{B\sigma_x^{(1)}} A^{-1} e^{B\sigma_x^{(2)}} = A^2 e^{B\left(\sigma_x^{(1)} + \sigma_x^{(2)}\right)} \tag{12.58}$$

である.

4.　全体の転送行列 L_2 は,

$$\begin{aligned} &\langle \sigma_1^{(1)}, \sigma_1^{(2)} | L_2 | \sigma_2^{(1)}, \sigma_2^{(2)} \rangle \\ &= e^{K\sigma_1^{(1)}\sigma_1^{(2)}} Z_2(\sigma_1^{(1)}, \sigma_2^{(1)}) Z_2(\sigma_1^{(2)}, \sigma_2^{(2)}) \end{aligned} \tag{12.59}$$

であり，$-J\sigma_1^{(1)}\sigma_1^{(2)}$ の部分は $\sigma_1^{(1)}, \sigma_1^{(2)}$ にしかよらず，式 (12.49) で与えられる．それに相当する転送行列は，対角成分だけであり，上で導入した量子スピンを用いると

$$e^{K\sigma_z^{(1)}\sigma_z^{(2)}} \tag{12.60}$$

と表すことができる．これらから，L_2 は量子スピンを用いて

$$\begin{aligned} L_2 &= e^{K\sigma_z^{(1)}\sigma_z^{(2)}} A e^{B\sigma_x^{(1)}} A e^{B\sigma_x^{(2)}} \\ &= A^2 e^{K\sigma_z^{(1)}\sigma_z^{(2)}} e^{B\left(\sigma_x^{(1)} + \sigma_x^{(2)}\right)} \end{aligned} \tag{12.61}$$

で与えられる.

・変形に関しては，後出の式 (14.9) 参照.

・このように，転送行列は量子スピンで表すことができ，転送行列の最大固有値を求めることは，量子スピン系の基底状態を求める問題として扱うことができる.

例題 20 の発展問題

20-1. 幅が M のはしご格子の転送行列を，1 次元量子スピン系で表現せよ．このようにして得られた 1 次元量子スピンは，ジョルダン・ウィグナー (Jordan-Wiger) 変換とよばれる方法で，相互作用のないフェルミオン系で表せる．$M \to \infty$ での最大固有値から 2 次元イジング模型の自由エネルギーが求められる[2]．

[2]T. D. Schultz, D. C. Mattis, and E. H. Lieb, Rev. Mod. Phys. **36**, 846 (1964).

重要度
★★★

13 フラストレーションとエントロピー誘起秩序

《内容のまとめ》

これまで，基底状態は自明な縮退を除いて，系の基底状態が一意的に決まる系を考えてきた．たとえば，強磁性体ではスピンは互いにそろおうとするので基底状態は格子の形に関係なく全部のスピンがそろった状態である．反強磁性相互作用はスピンを逆向きにそろえようとする．この場合，正方格子の場合には四角形でスピンが $+-+-$ と問題なくそろえるが（図 13.1（左）），三角格子の場合は各三角形ですべてのスピンは互いに逆向きにそろうことはできない（図 13.1（右））．このように，相互作用間に競合がある場合，すべての部分の相互作用を満足させる配置が存在しない状況が生じる．このような状況をフラストレーションとよび，そのような相互作用をもつ系をフラストレートした系とよぶ[1]．このような系では，いろいろな競合する秩序形態間の微妙なバランスのため，系の秩序化にエントロピーが重要な役割を果たす．

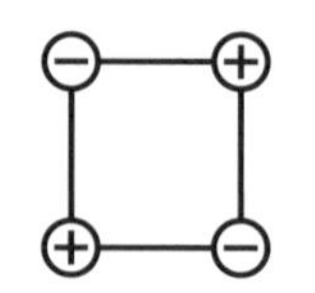

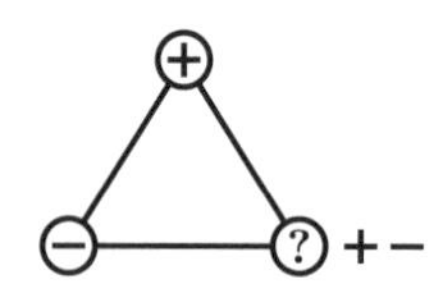

図 13.1: 反強磁性イジング模型でのスピン配位　（左）正方格子では ± が矛盾なく配置できる．（右）三角格子では配置に矛盾が生じる．

[1] G. Toulouse, Commun. Phys., **2**, 115, (1977). S. Miyashita: Proc. Jpn. Acad., Ser. B **86**, 643 (2010).

例題 21　フラストレーションとエントロピー誘起秩序

1. 三角形の格子上での強磁性 ($J > 0$)，反強磁性 ($J < 0$) イジング模型の基底状態の縮重度を求めよ．

$$\mathcal{H} = -J\left(\sigma_1\sigma_2 + \sigma_2\sigma_3 + \sigma_3\sigma_1\right) \tag{13.1}$$

2. 強磁性 ($J > 0$)，反強磁性 ($J < 0$)，それぞれの場合のスピン相関関数 $\langle\sigma_1\sigma_2\rangle$ を求めよ．
3. 三角形の反強磁性イジング模型が以下の結合定数をもつ場合（図 13.2）のスピン相関関数 $\langle\sigma_1\sigma_2\rangle$ の温度変化を求めよ．

$$\mathcal{H} = J_1\sigma_1\sigma_2 + J_2\left(\sigma_1\sigma_3 + \sigma_3\sigma_2\right), \quad J_2 > J_1 > 0 \tag{13.2}$$

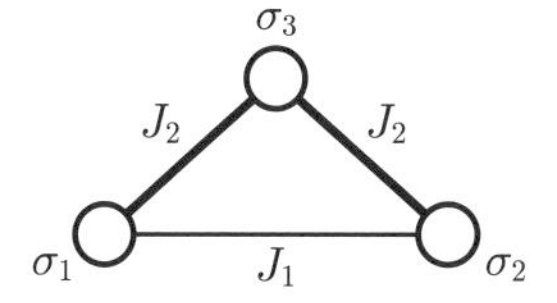

図 13.2: σ_1, σ_2 を同じ方向に結合 ($\sigma_1 = -\sigma_3 = \sigma_2$) させようとする間接的な結合 J_2 と，反強磁性的に結合 ($\sigma_1 = -\sigma_2$) させようとする直接結合 J_1 が競合した系．特に，間接的な結合 J_2 のほうが，直接結合 J_1 より強い場合には非単調な相関が現れる．

考え方

すべての相互作用のエネルギーを最小にする状態がない場合（フラストレート系），個々の相互作用の競合によって，系の秩序形成過程で非自明な現象が起こる．フラストレート系での基底状態や相関関数の温度変化などを調べる．そこでは状態数（エントロピー）が秩序状態選択に重要な役割をする．

‖解答‖

1. 強磁性体の場合，$+++$ と $---$ の 2 状態が基底状態である．

　それに対し，反強磁性体の場合 $++-$ と $+-+$ などの 6 状態が基底状態である．

2. 基底状態のうち，$\sigma_1 = \sigma_2$ と同じ向きを向いた条件下での状態の数 N_+ と $\sigma_1 = -\sigma_2$ の場合の状態の数 N_- を数える．強磁性体の場合，N_+ は $\sigma_1 = \sigma_2 = \pm 1$ の 2 通りで，$\sigma_1 = -\sigma_2$ である基底状態はないので

$$N_+ = 2, \quad N_- = 0 \to \langle \sigma_1 \sigma_2 \rangle = \frac{N_+ - N_-}{N_+ + N_-} = 1 \tag{13.3}$$

であり，完全にそろう．反強磁性体の場合，$++-$ と $+-+$ などの 6 状態が基底状態の中で $\sigma_1 = \sigma_2 = \pm 1$ であるものは 2 通りで，$\sigma_1 = -\sigma_2$ であるものは 4 通りであるので

$$N_+ = 2, \quad N_- = 4 \to \langle \sigma_1 \sigma_2 \rangle = \frac{N_+ - N_-}{N_+ + N_-} = -\frac{1}{3} \tag{13.4}$$

であり，基底状態でもスピンは完全にそろえない．

これらの結果は，次問の解答で与える

$$\langle \sigma_1 \sigma_2 \rangle = \frac{e^{-\beta J_1}\left(2e^{2\beta J_2} + 2e^{-2\beta J_2}\right) - 4e^{\beta J_1}}{e^{-\beta J_1}\left(2e^{2\beta J_2} + 2e^{-2\beta J_2}\right) + 4e^{\beta J_1}} \tag{13.5}$$

によっても求められる．$J > 0$ の場合は，上の式で $J_1 = J_2 = -J$ とした場合であり

$$\langle \sigma_1 \sigma_2 \rangle = \frac{2e^{-\beta J} + 2e^{3\beta J} - 4e^{-\beta J}}{2e^{-\beta J} + 2e^{3\beta J} + 4e^{-\beta J}} \tag{13.6}$$

であるので，

$$\lim_{\beta \to \infty} \langle \sigma_1 \sigma_2 \rangle = 1 \tag{13.7}$$

となる．

ワンポイント解説

・三角形がつながった三角格子やカゴメ格子などの系でも基底状態の縮退数は 2 である．

・三角形がつながった系では，基底状態の縮退数は系の大きさとともに指数関数的に増大する．

・このように，相関の値は，指定したスピンが平行，反平行の場合の状態数によって決まる．

また，反強磁性の場合は，$J_1 = J_2 = J$ として

$$\langle \sigma_1 \sigma_2 \rangle = \frac{2e^{\beta J} + 2e^{-3\beta J} - 4e^{\beta J}}{2e^{\beta J} + 2e^{-3\beta J} + 4e^{\beta J}} \tag{13.8}$$

であるので，

$$\lim_{\beta \to \infty} \langle \sigma_1 \sigma_2 \rangle = -\frac{1}{3} \tag{13.9}$$

である．

3. σ_1, σ_2 が平行の場合：$(\sigma_1, \sigma_2, \sigma_3) = (+++), (---), (++-), (--+)$ の場合のエネルギーはそれぞれ $J_1+2J_2, J_1+2J_2, J_1-2J_2, J_1-2J_2$ であり，反平行の場合：$(+-+), (+--), (-++), (-+-)$ の場合のエネルギーは，すべて $-J_1, -J_1, -J_1, -J_1$ であるので分配関数は

$$Z = e^{-\beta J_1}\left(2e^{2\beta J_2} + 2e^{-2\beta J_2}\right) + 4e^{\beta J_1} \tag{13.10}$$

である．スピン相関関数は

$$\langle \sigma_1 \sigma_2 \rangle = \frac{e^{-\beta J_1}\left(2e^{2\beta J_2} + 2e^{-2\beta J_2}\right) - 4e^{\beta J_1}}{e^{-\beta J_1}\left(2e^{2\beta J_2} + 2e^{-2\beta J_2}\right) + 4e^{\beta J_1}} \tag{13.11}$$

である．$J_2 > J_1$ であるので，β が大きいとき

$$\langle \sigma_1 \sigma_2 \rangle \simeq \frac{2e^{\beta J_2} e^{-\beta J_1}}{2e^{\beta J_2} e^{-\beta J_1}} = 1 \tag{13.12}$$

となる．しかし，$\beta \to 0$ では

$$\begin{aligned} \langle \sigma_1 \sigma_2 \rangle &= \frac{e^{-\beta J_1}\left(2e^{2\beta J_2} + 2e^{-2\beta J_2}\right) - 4e^{\beta J_1}}{e^{-\beta J_1}\left(2e^{2\beta J_2} + 2e^{-2\beta J_2}\right) + 4e^{\beta J_1}} \\ &\simeq -\beta J_1 < 0 \end{aligned} \tag{13.13}$$

であり，反平行の相関をもつ．相関がちょうど 0 となるのは

$$\begin{aligned} &e^{-\beta J_1}\left(2e^{2\beta J_2} + 2e^{-2\beta J_2}\right) - 4e^{\beta J_1} = 0 \\ &\to e^{2\beta J_1} = \cosh(2\beta J_2) \end{aligned} \tag{13.14}$$

・この符号の変化は次のように理解できる．温度が低い場合，大きな間接相互作用 J_2 がエネルギー的に有利であるが，間接相互作用 J_2 は σ_3 の部分和をとると $\langle \sigma_1 \sigma_2 \rangle = \tanh^2(\beta J_2)$ であ

を満たす温度である（図 13.3）.

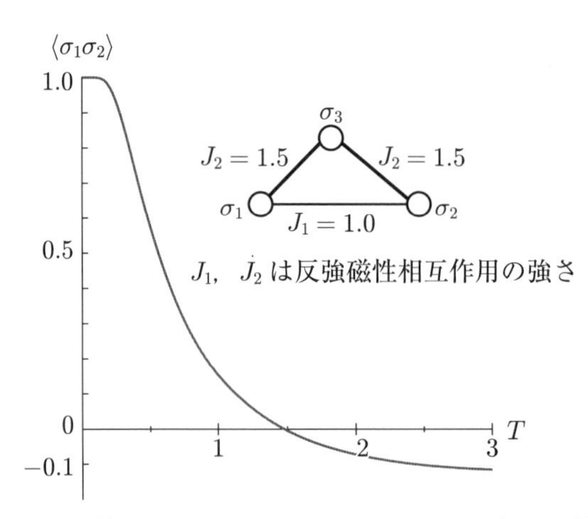

図 13.3: 飾りボンド ($J_1 = 1, J_2 = 1.5$) での相関関数 $\langle\sigma_1\sigma_2\rangle$ の温度変化

り，直接相互作用 J での相関 $\langle\sigma_1\sigma_2\rangle = \tanh(\beta J)$ に比べて温度が高くなると減少が大きい．そのため高温では直接相互作用 J_1 が有利になる．このように，相関，つまり秩序の形態が温度によって変わるのはエントロピーの効果とみなせる．

例題 21 の発展問題

21-1. 例題で考えた相関関数の符号が温度によって変わるボンドのセット（飾りボンド）を正方格子の各ボンドに配置した場合の系の振る舞いを，ボンドの強さが J である系と比較せよ．また，相関関数の符号が温度によって変わることを相転移に反映するためにはどのようにすればよいか考えよ．

21-2. スピンの変数が離散的な値をとるイジング模型ではフラストレーションは状態の縮退を引き起こした．スピンが連続的な値をとる場合にはフラストレーションはまた異なった効果を生み出す．三角格子上での反強磁性 XY 模型

$$\mathcal{H} = J\left(\cos(\phi_1-\phi_2)+\cos(\phi_2-\phi_3)+\cos(\phi_3-\phi_1)\right),\quad J>0 \tag{13.15}$$

あるいは，反強磁性ハイゼンベルク模型

$$\mathcal{H} = J\left(\boldsymbol{S}_1\cdot\boldsymbol{S}_2+\boldsymbol{S}_2\cdot\boldsymbol{S}_3+\boldsymbol{S}_3\cdot\boldsymbol{S}_1\right),\quad J>0$$

での基底状態を求めよ．また，この系で起こる相転移について考察せよ．

重要度
★★★

14 平均場近似

《内容のまとめ》

前章では，分配関数の和の取り方の工夫として転送行列の方法を説明したが，一般的に多体系での分配関数を計算することは技術的に困難である．そのため，多体問題の興味深い協力現象である相転移がどのように起こるかを，近似的ではあるが直観的に扱う方法として，平均場近似とよばれる方法がある．この方法では，相転移を特徴づける秩序変数の温度や磁場など系のパラメータへの依存性を近似的に求める．

以下，強磁性イジング模型

$$\mathcal{H} = -J \sum_{<ij>} \sigma_i \sigma_j - H \sum_{i=1}^{N} \sigma_i$$

を例として説明する．ここでは，$< ij >$ は格子上の最近接対についての和とする．この模型での秩序変数は，1 スピンあたりの磁化の平均

$$m = \frac{1}{N} \left\langle \sum_{i=1}^{N} \sigma_i \right\rangle \tag{14.1}$$

である．

多体のハミルトニアンでは，前章で見たように各サイトの自由度，つまりスピンが，他のスピンと相互作用しているため各スピンの和を独立にとることができず，全状態の和を求めることが難しい．そこで，相互作用をしている相手のスピンを平均値 m に置き換え，i 番目のスピン σ_i に関するハミルトニアンを

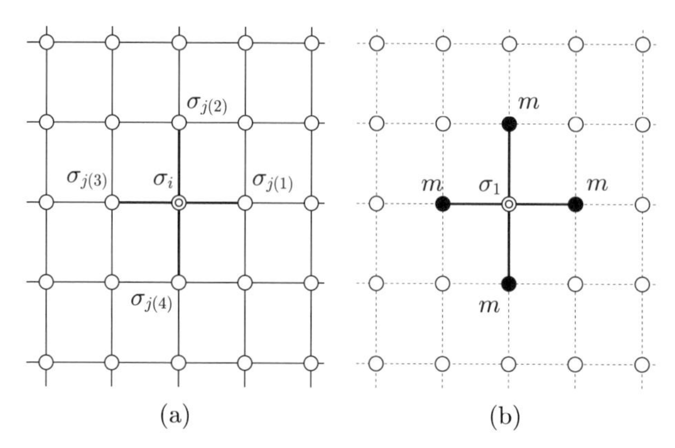

図 14.1: (a) 格子上で相互作用している模型. (b) スピン σ_i と相互作用している格子でのスピン $\sigma_{j(1)} \sim \sigma_{j(z)}$（図では $z=4$）を m に置き換えたもの（平均場近似）

$$\mathcal{H}_{\mathrm{MF}} = -Jzm\sigma_i - H\sigma_i \tag{14.2}$$

とする. ここで z は, σ_i と相互作用しているスピン, $\sigma_{j(1)} \sim \sigma_{j(z)}$（図 14.1 では $z=4$), の数である[1].

この状況でのスピンの平均を求め, そこで得られた平均値 $\langle\sigma_i\rangle$ があらかじめ設定した m と等しいとする条件（セルフコンシステント方程式）

$$\langle\sigma_i\rangle = m \tag{14.3}$$

を課して m の温度, 磁場依存性を求める方法が平均場近似である.

[1] σ_i と相互作用しているスピンの数は通常 z と書かれることが多いのでここでも z とするが, 座標とは関係がないので注意しよう.

例題 22　平均場近似

1. 強磁性イジング模型でのセルフコンシステント方程式を正方格子の場合に求めよ.
2. 最近接格子点の数が z の格子（正方格子では $z = 4$, 三角格子では $z = 6$ など）でのセルフコンシステント方程式を求めよ.
3. m を H 関数として図示せよ.
4. $H = 0$ の場合に, $m = 0$ 以外の解が存在する温度の上限 T_{C} を求めよ.

考え方

相互作用している系では, 状態数が系の大きさとともに指数関数的に増大するため, 分配関数を直接求めるのは困難である. そこで, 各格子点での変数と相互作用するまわりの変数を平均値で置き換え, その状況で求めたい変数の平均を計算し, その値がはじめに仮定したまわりの変数の平均値と一致する条件を課すことで, セルフコンシステントに平均値の温度変化を調べる. そこで, 求められた磁化の温度, 磁場依存性からこの系での相転移の概要, 特に臨界温度や自発磁化の出現を求める.

‖解答‖

ワンポイント解説

1. 1つの格子点でのスピン σ_i はまわりの4個のスピン $\sigma_{j1}, \sigma_{j2}, \sigma_{j3}, \sigma_{j4}$ と相互作用しているので, それらをすべて平均値 m で置き換え, 相互作用項を

$$\mathcal{H}_i = -J\sigma_i\left(\sigma_{j1} + \sigma_{j2} + \sigma_{j3} + \sigma_{j4}\right)$$
$$\rightarrow \mathcal{H}_{\mathrm{MF}} = -4Jm\sigma_i \qquad (14.4)$$

と近似する. ここで現れた $4Jm$ は分子場, あるいは平均場とよばれる. この近似のもとでの σ_i の平均値は

$$\langle\sigma_i\rangle = \frac{\sum_{\sigma_i=\pm1}\sigma_i e^{\beta(4Jm+H)\sigma_i}}{\sum_{\sigma_i=\pm1} e^{\beta(4Jm+H)\sigma_i}} = \frac{\sinh(\beta(4Jm+H))}{\cosh(\beta(4Jm+H))}$$
$$= \tanh(\beta(4Jm+H)) \qquad (14.5)$$

であるので，セルフコンシステント方程式は

$$m = \tanh(\beta(4Jm + H)) \tag{14.6}$$

である．

2. 平均場が zJm となるので

$$m = \tanh(\beta(Jzm + H)) \tag{14.7}$$

である．

3. セルフコンシステント方程式 $m = \tanh(\beta(Jzm + H))$ は m に関する陰関数であるので，この関係を $H = f(m)$ の形で表すと図が描きやすい．

$$\begin{aligned} m &= \tanh(\beta(Jzm + H)) \\ &\to \beta Jzm + \beta H = \tanh^{-1} m \end{aligned} \tag{14.8}$$

である．

$$\tanh^{-1} x = \frac{1}{2} \ln \frac{1+x}{1-x} \tag{14.9}$$

を用いると

$$H = \frac{k_{\rm B}T}{2} \ln \frac{1+m}{1-m} - Jzm \tag{14.10}$$

となる．この関数を図 14.2 に示す．ただし，横軸に H/J にとる．温度が高いとき，磁化曲線 $m(H)$ は $H = 0$ での磁化 m は 0 だけであり，磁場とともに単調に増大する．温度が低いときは，$H = 0$ での磁化 m は 0 以外に $\pm m_{\rm S} \neq 0$ の解が現れ，磁場に関して非単調な形となる．

4. $H = 0$ の場合に $m = 0$ だけの解をもつ領域と，$H = 0$ の場合に複数個の解をもつ領域の境目では $m = 0$ で磁化曲線 $m(H)$ の傾き（帯磁率）は無限大になる．

・この関係は，温度 T での磁化 m と磁場 H の関係を与えるものであり，系の状態方程式となっている．

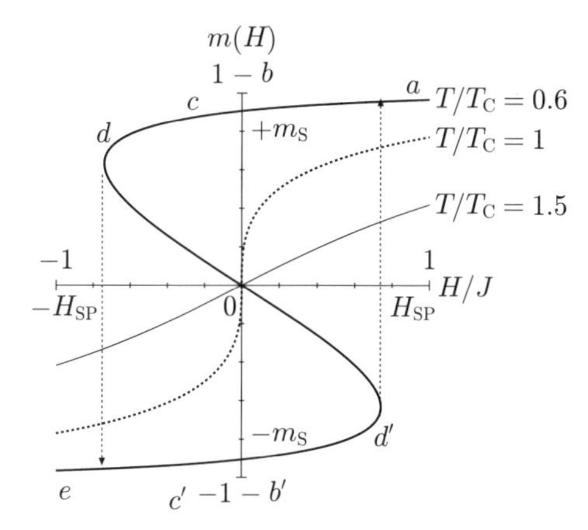

図 14.2: 平均場近似による磁化曲線 $M(H)$．$z=4$ の場合，$T/T_{\mathrm{C}}=0.6$（太線），1（点線），1.5（細線）．

$$\chi=\left(\frac{\partial m}{\partial H}\right)_{H=0}=\infty, \quad \text{つまり,} \left(\frac{\partial H}{\partial m}\right)_{m=0}=0 \tag{14.11}$$

その温度は，臨界温度とよばれ

$$k_{\mathrm{B}}T_{\mathrm{C}}=zJ \tag{14.12}$$

である．

・この温度以下で，$H=0$ で，0 でない解 $m=\pm m_{\mathrm{S}}$ が現れる．

例題 22 の発展問題

22-1. 関係 (14.9)

$$\tanh^{-1} x = \frac{1}{2}\ln\frac{1+x}{1-x}$$

を示せ.

22-2. 平均場近似では，1 次元系 ($z = 2$) でも，相転移が起こる．その理由を，各スピンが全体の磁化の平均と相互作用をする模型（Husimi -Temperley 模型）を考え，考察せよ．

$$\begin{aligned}\mathcal{H} &= -J\sum_{<ij>}\sigma_i\sigma_j \to \mathcal{H} = -J\sum_{<ij>}\sigma_i\left(\frac{1}{N}\sum_k \sigma_k\right)\\ &= -\frac{Jz}{2N}\left(\sum_i \sigma_i\right)\left(\sum_k \sigma_k\right)\end{aligned} \tag{14.13}$$

例題 23　臨界現象

前問では強磁性イジング模型の相転移での磁化の振る舞いを調べた．この模型で，相転移点近傍での磁化が温度や磁場の関数としてどのような特異性を示すか調べておこう．

1. $H=0$ で，T_C のまわりでの磁化 m の温度の関する振る舞いを求め，

$$m \propto |t|^{\beta}, \quad t = \frac{T - T_\mathrm{C}}{T_\mathrm{C}} \tag{14.14}$$

としたとき，$\beta = 1/2$ であることを示せ．

2. $H=0$ で，T_C のまわりでの帯磁率 $\chi = \partial m/\partial H$ の温度の関する振る舞いを求め，

$$\chi \propto |t|^{-\gamma}, \quad t = \frac{T_\mathrm{C} - T}{T_\mathrm{C}} \tag{14.15}$$

としたとき，$\gamma = 1$ であることを示せ．

3. $T = T_\mathrm{C}$ で，$H \simeq 0$ での磁化の磁場に関する振る舞いを求め，

$$m \propto |H|^{1/\delta} \tag{14.16}$$

としたとき，$\delta = 3$ であることを示せ．

4. 臨界点付近 $(T \sim T_\mathrm{C}, H \sim 0)$ で，磁化の温度，磁場依存性がある関数 Φ によって

$$m = |t|^{1/2}\Phi\left(\frac{H}{|t|^{3/2}}\right) \tag{14.17}$$

の形で表されることを示せ．また，この関数を H の冪を取り出した形で表せ．

5. 臨界点で，スピンの相関関数が

$$\langle \sigma_i \sigma_j \rangle \sim r^{-(d-2+\eta)} e^{-r/\xi} \tag{14.18}$$

で与えられる場合に，帯磁率と ξ の関係を求めよ．

6. 上の場合で，相関長 ξ が臨界点付近で

$$\xi \propto |t|^{-\nu} \tag{14.19}$$

で発散する場合に，帯磁率の臨界指数 γ を ν と η で表せ．

考え方

相転移現象では自発磁化の出現など，物理量の温度や磁場への依存性に特異性があらわれる．その特異性は温度や磁場などのパラメータの臨界点から距離のべきで表されることが多い．強磁性模型における相転移での特異性を特徴づける指数（臨界指数）を導入する．また，臨界点近傍での特異性に関するスケーリング則についても調べる．

‖解答‖

ワンポイント解説

1. 相転移点 T_{C} の付近では m が小さいので，セルフコンシステント方程式

$$m = \tanh(\beta(Jzm + H)) \tag{14.20}$$

を $H = 0$ として m で展開すると

$$m = \beta Jz - \frac{1}{3}\left(\beta(Jzm)\right)^3 + \cdots \tag{14.21}$$

である．$m = 0$ 以外の解は

$$\beta Jz - 1 = \frac{1}{3}\left(\beta Jz\right)^3 m^2 + \cdots \tag{14.22}$$

より

$$m_{\mathrm{S}} = \pm\sqrt{\frac{3(\beta Jz - 1)}{\left(\beta Jz\right)^3}} \tag{14.23}$$

であり，これが実数解をもつためには

$$\beta Jz - 1 \geq 0, \quad \text{つまり},\ T \leq T_{\mathrm{C}} \equiv Jz/k_{\mathrm{B}} \tag{14.24}$$

である．$T \simeq T_{\mathrm{C}}$ では $\beta Jz \simeq 1$ であるので

$$m_{\mathrm{S}} = \pm\sqrt{3(\beta Jz - 1)} \propto \sqrt{T_{\mathrm{C}} - T} \tag{14.25}$$

である．磁化が相転移点付近で

$$m \propto (T_{\mathrm{C}} - T)^{\beta} \tag{14.26}$$

の特異性をもつ場合，そこでの冪 β は磁化の臨界指数とよばれ，式 (14.26) より平均場近似では

$$\beta = \frac{1}{2} \tag{14.27}$$

である．

・温度の逆数 ($\beta = 1/k_{\mathrm{B}}T$) と混同しないように

2.　帯磁率は $T > T_{\mathrm{C}}$ では

$$m = \beta Jzm + \beta H + \cdots \tag{14.28}$$

より

$$\chi = \frac{m}{H} = \frac{\beta}{1 - \beta Jz} \propto \frac{1}{T - T_{\mathrm{C}}} \tag{14.29}$$

となる．$T < T_{\mathrm{C}}$ では

$$m = \beta Jzm + \beta H - \frac{1}{3}\left(\beta(Jzm + H)\right)^3 + \cdots \tag{14.30}$$

において，磁化が自発磁化 m_{S}(14.25) をもつことに注意して，$m = m_{\mathrm{S}} + \chi H$ とおいて計算すると

$$\chi = \frac{m}{H} \propto \frac{1}{2(T_{\mathrm{C}} - T)} \tag{14.31}$$

となる．帯磁率が相転移点付近で

$$\chi \propto |T_{\mathrm{C}} - T|^{-\gamma} \tag{14.32}$$

の特異性をもつ場合，そこでの冪 γ は帯磁率の臨界指数とよばれ，平均場近似では

$$\gamma = 1 \tag{14.33}$$

である．

3.　$T = T_{\mathrm{C}}$ では，$\beta Jz = 1$ であるので

$$m = \beta Jzm + \beta H - \frac{1}{3}\left(\beta(Jzm + H)\right)^3 + \cdots \tag{14.34}$$

は

$$0 \simeq \beta H - \frac{1}{3}\left(\beta(Jzm + H)\right)^3 \rightarrow \beta H \simeq \frac{1}{3}(m + \beta H)^3 \tag{14.35}$$

より

$$m \propto H^{1/3} \tag{14.36}$$

となる．磁化が相転移点付近で

$$m \propto |H|^{1/\delta} \tag{14.37}$$

の特異性をもつ場合，そこでの冪 δ は**磁化の磁場に関する臨界指数**とよばれ，平均場近似では

$$\delta = 3 \tag{14.38}$$

である．

4. 臨界点付近では

$$\begin{aligned} m &= \beta Jzm + \beta H - \frac{1}{3}\left(\beta(Jzm + H)\right)^3 + \cdots \\ &\simeq \beta Jzm + \beta H - \frac{1}{3}m^3 \end{aligned} \tag{14.39}$$

・m^3 の係数は $(\beta Jz)^3$ であるが，臨界点でのその値が 1 であるので，係数を 1 としている．このようにおくことによる違いは tm^3 のオーダーであり，他の項に比べて高次である．

より

$$H = \frac{1 - \beta Jz}{\beta}m + \frac{1}{3\beta}m^3 = tm + bm^3, \tag{14.40}$$

$$t = \frac{1 - \beta Jz}{\beta} = k_B T - Jz = k_B(T - T_C), \quad b = \frac{1}{3\beta} \tag{14.41}$$

であり，これは

$$\frac{H}{|t|^{3/2}} = \left(\mathrm{sgn}(t)\frac{m}{|t|^{1/2}}\right) + b\left(\frac{m}{|t|^{1/2}}\right)^3 \tag{14.42}$$

と変形できる．この関係は，$H/|t|^{3/2}$ という量が，変数 $m/|t|^{1/2}$ の関数とみなせることを意味してい

る．逆に，$m/|t|^{1/2}$ は $H/|t|^{3/2}$ の関数ともみなせる．そこで，

$$\frac{m}{|t|^{1/2}} = \Phi\left(\frac{H}{|t|^{3/2}}\right) \tag{14.43}$$

と表せる．

・ここで現れた関数 $\Phi(x)$ はスケーリング関数とよぶ．ここで，$H/|t|^{3/2}$ をスケーリング変数という．

また，H の冪を取り出すために，スケーリング関数を

$$m=|t|^{1/2}\Phi\left(\frac{H}{|t|^{3/2}}\right)=|t|^{1/2}\left(\frac{H}{|t|^{3/2}}\right)^{1/3}\Psi\left(\frac{H}{|t|^{3/2}}\right), \tag{14.44}$$

ただし，

$$\Psi\left(\frac{H}{|t|^{3/2}}\right) = \Phi\left(\frac{H}{|t|^{3/2}}\right)\left(\frac{H}{|t|^{3/2}}\right)^{-1/3} \tag{14.45}$$

と変形すると

$$m = H^{1/3}\Psi\left(\frac{H}{|t|^{3/2}}\right) \tag{14.46}$$

の形に表すことができる．この $\Psi(x)$ もスケーリング関数の 1 つである．

5. 帯磁率は

$$\begin{aligned}\langle M^2\rangle &= \sum_i\sum_j\langle\sigma_i\sigma_j\rangle \\ &\propto N\int_0^L r^{-(d-2+\eta)}e^{-r/\xi}r^{d-1}dr \propto \xi^{2-\eta}\end{aligned} \tag{14.47}$$

であるので，1 スピンあたりの帯磁率 χ は

$$\chi = \frac{\langle M^2\rangle - \langle M\rangle^2}{Nk_{\mathrm{B}}T} \propto \xi^{2-\eta} \tag{14.48}$$

である．

6. $\xi \propto |t|^{-\nu}$ を代入すると

$$\chi \propto \xi^{2-\eta} \propto |t|^{-\nu(2-\eta)} \tag{14.49}$$

より

$$\gamma = \nu(2-\eta) \tag{14.50}$$

である．この関係は Fisher の関係とよばれる．

例題 23 の発展問題

23-1. 一般に，

$$m = |t|^{\beta} \Phi\left(\frac{H}{|t|^{\beta\delta}}\right) \tag{14.51}$$

の形で表されるときに，帯磁率の臨界指数 γ がスケーリング関係

$$\gamma = \beta(\delta - 1) \tag{14.52}$$

で与えられることを示せ．この関係は Widom の関係とよばれる．

23-2. 自由エネルギーの特異性が

$$f \sim -Hm = -H|t|^{\beta} \Phi\left(\frac{H}{|t|^{\beta\delta}}\right) \tag{14.53}$$

の形で表されるときに，比熱 C の臨界指数 α

$$C \sim |t|^{-\alpha} \to f \sim |t|^{2-\alpha} \tag{14.54}$$

がスケーリング関係

$$2 - \alpha = \beta(\delta + 1) \tag{14.55}$$

を満たすことを示せ．この関係は Griffiths の関係とよばれる．また，

$$\alpha + 2\beta + \gamma = 2 \tag{14.56}$$

の関係があることも示せ．この関係は Rushbrook の関係とよばれる．

例題 24　平均場近似での自由エネルギー

前問ではセルフコンシステント方程式の解として磁化の温度，磁場依存性を求め，相転移温度 T_{C} 以下で自発磁化 m_{S} の出現を調べた．しかし，$m=0$ の解も存在するので，どちらの解が熱力学的に安定な状態を表しているのか調べるため，系の自由エネルギーを求め，自由エネルギーの低いものを求める必要がある．

1. 平均値からのゆらぎ $\sigma_i - m$ の 2 乗を無視する近似のもとで，前問で考えた模型の自由エネルギー（平均場近似での自由エネルギー）を求めよ．
2. 磁場のある場合の平均場近似での自由エネルギー $F(T,H|m)$ の磁場依存性を求め，準安定状態の消える点（スピノーダル点）を求めよ．
3. すべてのスピンが互いに相互作用している長距離力模型である伏見・テンパレー (Husimi-Temperlay) 模型

$$\mathcal{H}_{\mathrm{HT}} = -\frac{Jz}{2N}\sum_{i=1}^{N}\sum_{j=1}^{N}\sigma_i\sigma_j - H\sum_{i=1}^{N}\sigma_i \tag{14.57}$$

の自由エネルギーを磁化の状態密度をスターリングの公式で近似する方法で求めよ．

考え方

自由エネルギーは

$$F = -k_{\mathrm{B}}T\ln Z \tag{14.58}$$

で与えられる．しかし，平均場を求めるときに使った部分系のハミルトニアンで自由エネルギーを求めるのではなく，全系のハミルトニアンに関する自由エネルギーを求める必要がある．ここで現れる自由エネルギーは秩序変数に関するポテンシャルエネルギーのような役割をし，ランダウの自由エネルギーとよばれるものに相当する．

解答

ワンポイント解説

1. スピン σ_i を平均値 m とゆらぎ $\delta_i = \sigma_i - m$ に分け，

$\sigma_i = m + (\sigma_i - m)$ をハミルトニアン (12.2) の相互作用の項に代入すると

$$
\begin{aligned}
&-J \sum_{<ij>} \sigma_i \sigma_j \\
&= -J \sum_{<ij>} (m + (\sigma_i - m))(m + (\sigma_j - m)) \quad (14.59)
\end{aligned}
$$

であり

$$
\begin{aligned}
&\sum_{<ij>} (-m^2 + m(\sigma_i + \sigma_j) + (\sigma_i - m)(\sigma_j - m)) \\
&= -\frac{zN}{2} m^2 + m \sum_{<ij>} (\sigma_i + \sigma_j) \\
&\quad + \sum_{<ij>} (\sigma_i - m)(\sigma_j - m)) \quad (14.60)
\end{aligned}
$$

となる．ここで，$\sum_{<ij>} (\sigma_i + \sigma_j)$ は，各ボンドでのスピンを 1 度ずつ数えるので

$$
\sum_{<ij>} (\sigma_i + \sigma_j) = z \sum_{i=1}^{N} \sigma_i \quad (14.61)
$$

であることに注意すると

$$
\begin{aligned}
-J \sum_{<ij>} \sigma_i \sigma_j = \frac{zJN}{2} m^2 - Jmz \sum_i \sigma_i \\
-J \sum_{<ij>} (\sigma_i - m)(\sigma_j - m) \quad (14.62)
\end{aligned}
$$

となる．ここで，ゆらぎの 2 乗の項 $\delta_i \delta_j = (\sigma_i - m)(\sigma_j - m)$ を無視する近似を行うと，ハミルトニアン (12.2) は

$$
\mathcal{H} \to \hat{\mathcal{H}}_{\mathrm{MF}} = \frac{zJNm^2}{2} - (Jzm + H) \sum_i \sigma_i \quad (14.63)
$$

となる．この形では各スピンの和が独立にとれるので，分配関数は

$$Z = \sum_{\{\sigma_i = \pm 1\}} e^{-\beta \mathcal{H}_{\mathrm{MF}}}$$
$$= e^{-\beta \frac{zJNm^2}{2}} \left(e^{\beta(zJm+H)} + e^{-\beta(zJm+H)} \right)^N \tag{14.64}$$

であり，自由エネルギーは

$$F(T, H|m) = -k_{\mathrm{B}} T \ln Z$$
$$= \frac{zJNm^2}{2} - k_{\mathrm{B}} T N \ln(2\cosh(\beta(zJm + H))) \tag{14.65}$$

と求められる．$H = 0$ の場合の自由エネルギーを図 14.3 に図示する．自発磁化が現れる低温では明らかに m_{S} のほうが低い自由エネルギーをもち，熱力学的に安定であることがわかる．また，そのとき $m = 0$ は不安定であることもわかる．解は $\pm m_{\mathrm{S}}$ の 2 つがあり，実際にはどちらかを選ばなくてはならない．どちらか 1 つが現れることは，**自発的対称性の破れ** (spontaneous symmetry breaking) とよばれる．

この例題で求めた分子場近似での自由エネルギー $F(T, H|m)$ は，熱力学で独立変数を T, m としたときの自由エネルギー $F(T, m)$，あるいは独立変数を T, H としたときの自由エネルギー $G(T, H)$ のいずれもと異なることに注意しよう．実際，熱力学での自由エネルギーに関しては

$$\frac{\partial F(T, m)}{\partial m} = H, \quad \frac{\partial G(T, H)}{\partial H} = -m \tag{14.67}$$

であるのに対し，分子場近似での自由エネルギー $F(T, H|m)$ では

・$F(T, H|m)$ の極値を求めると
$$\left(\frac{\partial F}{\partial m} \right)_{T,H} = zJN(m - \tanh(\beta(zJm + H))) = 0 \tag{14.66}$$
であり，セルフコンシステント方程式と一致する．

・これまで本書では独立変数を T, H としたときの自由エネルギーを $F(T, H)$ と書いてきた．熱力学では示量性変数 V

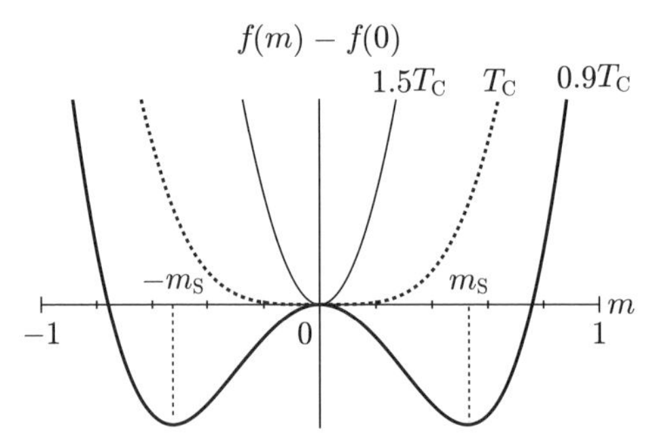

図 14.3: 分子場近似での自由エネルギー：$T > T_{\mathrm{C}}$（細線），$T = T_{\mathrm{C}}$（点線），$T < T_{\mathrm{C}}$（太線）（図では $F(T,H|m)$ を $f(m)$）としている）．

$$\frac{\partial F(T,H|m)}{\partial m} = 0 \tag{14.68}$$

である．つまり，$F(T,H|m)$ は秩序変数 m に対するポテンシャルエネルギー（変分関数）のようなものである．そして，最小値を与える $m = m_{\min}$ での $F(T,H|m_{\min})$ が，与えられた温度，磁場での熱力学自由エネルギー $G(T,H)$ を与える．

そのため，分子場近似での自由エネルギー $F(T,H|m)$ を自由エネルギーとよぶのは混乱を招きかねないが，秩序変数 m に対するポテンシャルエネルギーとして，直感的な議論にたいへん有用である．

統計力学的には，分配関数を計算する際のすべての状態についての和を，全磁化 $M = \sum_{i=1}^{N} \sigma_i$ を固定した状態についての和と，M の値についての和に分け，まず M を固定した部分の和を

を独立変数にする場合はヘルムホルツの自由エネルギー $F(T,V)$，示強性変数を独立変数にする場合にはギブスの自由エネルギー $G(T,P)$ で表すのが普通である．その類推から上では温度，磁場を変数にする熱力学自由エネルギーを $G(T,H)$ と書いた．しかし，統計力学では，自由エネルギーを通常，$F(T,H)$ と表すことが多い．本書でも，他では $G(T,H)$ のことを $F(T,H)$ と表すことが多いので，混乱しないように．

$$Z(T,H|M) = \sum_{\sum_{i=1}^{N}\sigma_i = M \text{ であるすべての状態}} e^{-\mathcal{H}(H)/k_{\mathrm{B}}T}$$
$$= \sum_{\text{すべての状態}} e^{-\mathcal{H}(H)/k_{\mathrm{B}}T}\delta\left(\sum_{i=1}^{N}\sigma_i, M\right) \tag{14.69}$$

と書くと

$$Z(T,H) = \sum_{M=-N}^{N} Z(T,H|M) \tag{14.70}$$

と書ける．ここで，

$$F(T,H|m) = -k_{\mathrm{B}}T\ln Z(T,H|M) \tag{14.71}$$

とすると

$$Z(T,H) = \sum_{M=-N}^{N} e^{-\beta F(T,H|m)}, \quad m = \frac{M}{N} \tag{14.72}$$

と表せる．ここでの M に関する和を積分で表し，F は示量的であるので，1 スピンあたりの自由エネルギー f を用いて $F = Nf$ とおいて分配関数を表すと

$$Z(T,H) = \int e^{-N\beta f(T,H|m)}dm \tag{14.73}$$

の形になる．この積分を N が大きい場合に鞍点法で評価することを考えれば，$f(T,H|m)$ の最小値が鞍点を与え，積分は $e^{-N\beta f(T,H|m)}$ で近似できることから，与えられた H のもとでの自由エネルギーは

$$G(T,H) = -k_{\mathrm{B}}T\ln Z(T,H) \tag{14.74}$$

を与えることが自然に理解できる．また，式 (14.

2 次相転移のしくみの本質的な部分は $F(T,H|m)$ の関数の詳細ではなく，その形が 1 つの最低点 (single minimum) をもつ形から 2 つの最低点 (double minima) をもつ形に変化することである．そのことを抽出して，$F(T,H|m)$ の関数をテイラー展開した形の多項式で表したもの

$$F(T,H|m) = am^2 + bm^4 - Hm \tag{14.75}$$

は，ランダウの現象論的自由エネルギー (Landau's phenomenological free energy)，あるいは単にランダウの自由エネルギー (Landau free energy) とよばれる．

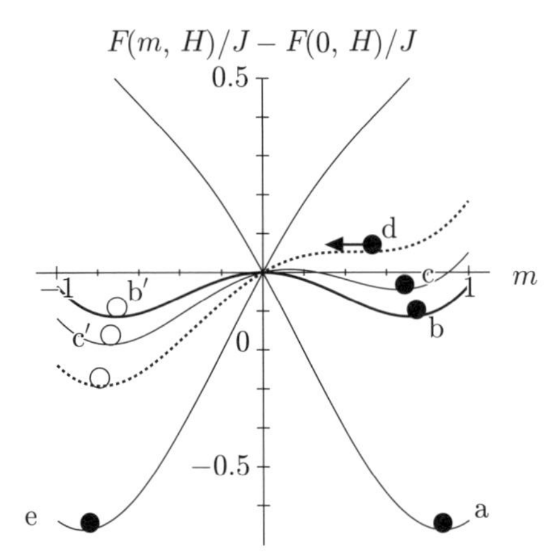

図 14.4: $T = 0.8T_{\mathrm{C}}$ での磁化の関数としての自由エネルギー $F(T,H|m) - F(T,H|0)$. a, b, c, d, e, b', c', e 点は図 14.2 の各点に相当：右側の下から順に，$H = 0.8J$, $H = 0$(太線：2 相共存)，$H = -0.1J$, $H = H_{\mathrm{SP}}$（破線），$H = -0.8J$.

73) で $f(T,H|m)$ が鞍点法の重みになっていることからも，$f(T,H|m)$ がポテンシャルエネルギー的な性質をもつことも理解できる．

2. 磁場がある場合の平均場近似での自由エネルギー $F(T,H|m)$ は式 (14.65):

$$F(T,H|m) = \frac{zJNm^2}{2} - k_{\mathrm{B}}TN\ln(2\cosh(\beta(zJm+H)))$$

である．これを $T = 0.6T_{\mathrm{C}}$ の場合に，いろいろな H に関して図示する（図 14.4）．

磁場を逆転しても磁化はしばらくのあいだ準安定状態として符号を変えずスムーズに変化する(図 14.4 の a,b,c)．磁場が限界の値 $H_{\text{スピノーダル}}$ (図 14.4 の d）になると準安定性が消失する．

そこで磁化は不連続に符号を変え平衡状態へジャンプする．このジャンプは磁場が正から負へ変化する場合には，磁場が負の領域で起こり，逆に負から正に変化する場合には正の領域で起こる．つまり，磁化の変化は磁化がどのように変化するかという履歴に依存し，磁場は磁化の一意的関数でなくなる．このような現象はヒステリシス現象とよばれる．

スピノーダル点は，セルフコンシステント方程

式，つまり $F(T,H|m)$ の極値条件と，2 つの極値が一致する条件から求められる．極値条件:

$$\frac{\partial F(m,H,T)}{\partial m}=0 \quad \rightarrow \quad m=\tanh(\beta Jzm+\beta H) \tag{14.76}$$

を，2 つの極値が一致する条件に代入すると，$\cosh^{-2}x=1-\tanh^2 x$ の関係に注意して

$$\frac{\partial^2 F(m,H,T)}{\partial m^2}=0$$
$$\rightarrow \quad 1=\frac{\beta Jz}{\cosh^2(\beta Jzm+\beta H)}=\beta Jz(1-m^2) \tag{14.77}$$

であるので，スピノーダル点での磁化は

$$m_{\mathrm{SP}}=\pm\sqrt{1-\frac{1}{\beta Jz}} \tag{14.78}$$

である．そのときの磁場は

$$H_{\mathrm{SP}}=-Jzm_{\mathrm{SP}}+\frac{1}{2\beta}\ln\left(\frac{1+m_{\mathrm{SP}}}{1-m_{\mathrm{SP}}}\right) \tag{14.79}$$

である．

3. この模型は磁化 $M=\sum_{i=1}^{N}\sigma_i$ を用いて

$$\mathcal{H}_{\mathrm{HT}}=-\frac{zJ}{2N}M^2-HM \tag{14.80}$$

と表せる．そこで分配関数は $M=-N,\ldots,N$ について和をとればよいが，M の各値での状態数は 2 項分布

$$W(M)={}_N C_{(N+M)/2}=\frac{N!}{\left(\frac{N+M}{2}!\right)\left(\frac{N-M}{2}!\right)}$$

で与えられることに注意して

$$Z=\sum_{M=-N}^{N}\frac{N!}{\left(\frac{N+M}{2}!\right)\left(\frac{N-M}{2}!\right)}e^{\beta\left(\frac{zJ}{2N}M^2+HM\right)}$$

で与えられる．例題7でみたようにスターリングの公式 $N! \simeq N^N e^{-N}$ を用いて

$$Z = \sum_{M=-N}^{N} \frac{1}{\left(\frac{1+M/N}{2}\right)^{\frac{N+M}{2}} \left(\frac{1-M/N}{2}\right)^{\frac{N-M}{2}}} e^{\beta\left(\frac{zJ}{2N}M^2 + HM\right)}$$

$m = M/N$ として

$$Z = e^{\beta N\left(\frac{zJ}{2}m^2 - Hm\right) - N\ln\left(\frac{1+m}{2}\right)^{\frac{1+m}{2}} - N\ln\left(\frac{1-m}{2}\right)^{\frac{1-m}{2}}}$$

であるので $f(m) = -k_{\mathrm{B}}T/N \ln Z$ より

$$f(m) = -\frac{zJ}{2}m^2 - Hm - \frac{1}{\beta}\left(\frac{1+m}{2}\ln\frac{1+m}{2} + \frac{1-m}{2}\ln\frac{1-m}{2}\right) \tag{14.81}$$

が得られる．

これは式 (14.65) とは異なるが，ブラッグ・ウィリアムス (**Bragg-Williams**) 近似での自由エネルギーとよばれるもの（発展問題 24-1）と一致する．

この自由エネルギーの極値も

$$\frac{\partial f(m)}{\partial m} = 0 \to m = \tanh(\beta Jzm + \beta H) \tag{14.82}$$

となる．つまり，式 (14.65) と同じ極値をもつ．

例題 24 の発展問題

24-1. 強磁性イジング模型において，磁化の平均が m の場合，全系のエネルギーが $E = -NzJm^2/2$ であり，その場合のエントロピー S が各サイトでの磁化 $\pm$ の分布 $p_1(\sigma = \pm)$ を用いて

$$S = -k_{\mathrm{B}} \sum_{\{\sigma_i = \pm 1\}} P(\sigma_1, \ldots, \sigma_N) \ln P(\sigma_1, \ldots, \sigma_N), \quad P = \prod_{i=1}^{N} p_1(\sigma_i) \quad (14.83)$$

で与えられるとする場合の自由エネルギーを求めよ．この自由エネルギーは Bragg-Williams 近似での自由エネルギーとよばれる．

24-2. すべてのスピンが互いに相互作用している長距離力模型である伏見・テンパレー模型

$$\mathcal{H}_{\mathrm{HT}} = -\frac{zJ}{2N} \sum_{i=1}^{N} \sum_{j=1}^{N} \sigma_i \sigma_j - H \sum_{i=1}^{N} \sigma_i \quad (14.84)$$

の自由エネルギーを以下のガウス型積分で導入される補助場 x を用いた方法で求めよ．

$$\frac{1}{\sqrt{2\pi}} \int_{-\infty}^{\infty} e^{-\frac{x^2}{2} + ax} dx = e^{\frac{1}{2}a^2} \quad (14.85)$$

例題 25　スピン状態の縮重度と 1 次相転移

1. スピンが $\sigma_i = \pm 1$ でなく，$S_i = -1, 0, 1$ をとり，それぞれの状態の縮重度が $1, n, 1$ である模型を考えよう．最近接格子点の数が z である格子上での，このスピンによる強磁性模型

$$\mathcal{H} = -J \sum_{ij} S_i S_j - H \sum_{i=1}^{N} S_i \tag{14.86}$$

が示す相転移を平均場近似で調べ，$n = 4$ の場合に転移が 1 次相転移になることを確認せよ．

2. 例題 5 の発展問題で説明したように，スピンクロスオーバー模型は，スピンは $S_i = \pm 1$ をとるがそれぞれの状態の縮重度が n_+, n_- である模型

$$\mathcal{H} = -J \sum_{ij} S_i S_j + D \sum_{i=1}^{N} S_i, \quad D > 0 \tag{14.87}$$

で表される．最近接格子点の数が z である格子上での，この模型が示す相転移を平均場近似で調べ，転移が 1 次相転移になる条件を求めよ．

考え方

前問までは単純なイジング模型での相転移を調べ，2 次相転移の特徴を調べてきたが，変数の構造によって秩序変数が不連続な変化を示す 1 次相転移が起こることがある．

その様子をいくつかの例で紹介する．そこでは，変数の各値の縮重度（何通りの状態がその値をとるか）が重要になる．

解答

ワンポイント解説

1. S_i の平均を m とすると，平均場は $-zJm$ であるので，磁化の平均は

$$m = \frac{e^{\beta Jzm + \beta H} - e^{-(\beta Jzm + \beta H)}}{e^{\beta Jzm + \beta H} + n + e^{-(\beta Jzm + \beta H)}} \tag{14.88}$$

である．$x = e^{\beta Jzm + \beta H}$ とすると

$$m(x + n + x^{-1}) = x - x^{-1}$$
$$\to (m-1)x^2 + mnx + m + 1 = 0 \qquad (14.89)$$

より，

$$x = \frac{nm + \sqrt{(nm)^2 + 4(1-m^2)}}{2(1-m)}$$

$$\beta Jzm + \beta H = \ln\left(\frac{nm + \sqrt{(nm)^2 + 4(1-m^2)}}{2(1-m)}\right) \qquad (14.90)$$

であるので磁場は m の関数として

$$H = -Jzm + k_{\mathrm{B}}T\ln\left(\frac{nm + \sqrt{(nm)^2 + 4(1-m^2)}}{2(1-m)}\right) \qquad (14.91)$$

となる．これを $n = 4$, $z = 4$ の場合に $m \geq 0$ の部分だけ図示する（図 14.5）．図 14.5 より，$k_{\mathrm{B}}T/J \simeq 1.17$ で $m = 0$ 以外の有限の値をもつ解が不連続に現れる．この温度が 1 次相転移点である．

・ちなみに，$n = 1$ の場合には，このような点は現れず，2 次相転移になる．

2.　分配関数は

$$Z = \sum_{\text{すべての } S_i \text{の状態}} e^{\beta\left(J\sum_{ij} S_iS_j - D\sum_{i=1}^{N} S_i\right)} \qquad (14.92)$$

である．各状態で $S_i = \pm 1$ の状態でのボルツマン因子を $\sigma_i = \pm 1$ で表すと

$$e^{\beta\left(J\sum_{ij} \sigma_i\sigma_j - D\sum_{i=1}^{N} \sigma_i\right)} \qquad (14.93)$$

であり，$S_i = \pm 1$ の縮重度を考慮して，分配関数はサイト i でのスピンが σ_i であるときの縮重度を $n_i(\sigma_i)$ とすると

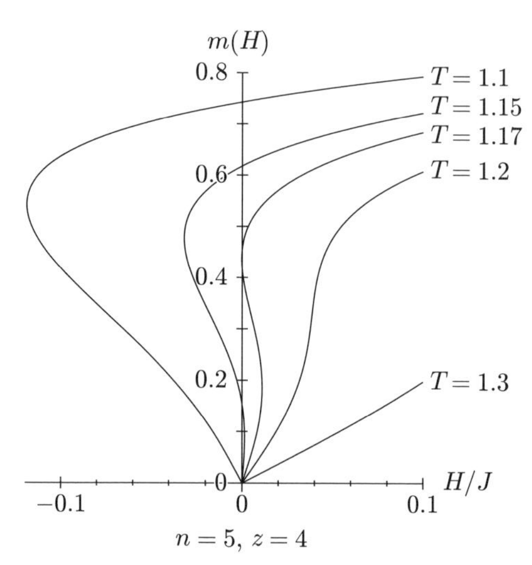

図 14.5: (14.88) での磁化曲線 $m(H)$ の温度変化．温度は，$k_{\mathrm{B}}T/J = 1.3,\ 1.2,\ 1.17,\ 1.15,\ 1.1$（図中では T と書いている）．$n = 5, z = 4$.

$$Z = \sum_{\text{すべての}\sigma_i\text{の状態}} \prod_{i=1}^{N} n_i(\sigma_i) e^{\beta\left(J\sum_{ij}\sigma_i\sigma_j - D\sum_{i=1}^{N}\sigma_i\right)} \tag{14.94}$$

である．サイト i での縮重度は

$$n_i(\sigma_i) = \sqrt{n_+ n_-}\, e^{\frac{1}{2}\sigma_i \ln\frac{n_\pm}{n_-}} = \begin{cases} n_+ & \text{for} \quad \sigma_i = 1 \\ n_- & \text{for} \quad \sigma_i = -1 \end{cases} \tag{14.95}$$

と表せるので

$$Z = \sum_{\{\sigma_i=\pm1\}} e^{\beta\left(J\sum_{ij}\sigma_i\sigma_j - D\sum_{i=1}^{N}\sigma_i\right)}$$
$$\times(\sqrt{n_+n_-})^N e^{\frac{1}{2}\ln\frac{n_+}{n_-}\sum_{i=1}^{N}\sigma_i}$$
$$= (\sqrt{n_+n_-})^N \sum_{\{\sigma_i=\pm1\}}$$
$$\times e^{\beta\left(J\sum_{ij}\sigma_i\sigma_j + \left(-D+\frac{1}{2}k_{\mathrm{B}}T\ln\frac{n_+}{n_-}\right)\sum_{i=1}^{N}\sigma_i\right)} \quad (14.96)$$

となる．このように，今のモデルは強磁性イジング模型で磁場を

$$H = -D + \frac{1}{2}k_{\mathrm{B}}T\ln\frac{n_+}{n_-} \quad (14.97)$$

に置き換えたものであることがわかる．

考えている格子での強磁性イジング模型は，その臨界温度 T_{C} 以下の温度 $(T < T_{\mathrm{C}})$ で磁場に関して $H = 0$ で 1 次相転移を起こす．そのため，この系が 1 次相転移を示す条件は $H = 0$ となる温度 T_0 が T_{C} より低いことである．T_0 は

$$H = 0 = -D + \frac{1}{2}k_{\mathrm{B}}T_0\ln\frac{n_+}{n_-} \to k_{\mathrm{B}}T_0 = \frac{2D}{\ln\frac{n_+}{n_-}} \quad (14.98)$$

で与えられるので，1 次相転移の条件は

$$T_0 < T_{\mathrm{C}} \quad (14.99)$$

である．そのため，スピンクロスオーバー系が 1 次相転移となるのは，考えている格子での強磁性イジング模型の臨界温度を T_{C} として

$$D < \frac{1}{2}T_{\mathrm{C}}\ln\frac{n_+}{n_-} \quad (14.100)$$

のときである．

この模型は，例題 5 の発展問題で説明したよう

ここの結果は，平均場近似を用いておらず厳密に成り立つ．

$D > 0$ の場合，基底状態はロースピン状態であるが，温度が上がっていくと縮重度，つまりエントロピーの効果でハイスピン状態となる．高温の極限ではハイスピン，ロースピンの比が $n_+ : n_-$ となる．もし，$\frac{2D}{\ln\frac{n_+}{n_-}} > T_{\mathrm{C}}$ の場合には，相転移を伴わずスムーズにロースピンからハイスピン状態へ移行する．このような電子状態の変化をスピンクロスオーバーという．

に，原子の電子状態がハイスピン，ロースピンとよばれる 2 状態をとり，ハイスピンのほうがエネルギーが $2D$ 高く，縮重度が $n_+ > n_-$ の場合のモデルとなる．

例題 25 の発展問題

25-1. スピンが $\sigma_1 = \pm 1$ でなく，$S_i = -1, 0, 1$ をとり，それぞれの状態の縮重度が $1, 1, 1$ であり，ハミルトニアンが

$$\mathcal{H} = -J\sum_{ij} S_i S_j + \sum_{i=1}^{N} D(S_i)^2 \tag{14.101}$$

で与えられる系（ブルーム・キャペル (Blume-Capel) 模型）を最近接格子点の数が z である格子上で考え，この系が示す相転移を平均場近似で調べ，転移が 1 次相転移になる条件を求めよ．

例題 26　連続スピン系での平均場近似

1.　正方格子上での強磁性ハイゼンベルク模型

$$\mathcal{H} = -J \sum_{<ij>} \boldsymbol{S}_i \cdot \boldsymbol{S}_i, \quad (S_i^x = \sin\theta_i \cos\phi_i, S_i^y = \sin\theta_i \sin\phi_i, S_i^z = \cos\theta_i) \tag{14.102}$$

を平均場近似で扱う際のセルフコンシステント方程式を求めよ．

2.　上のモデルの平均場近似での臨界温度を求めよ．

考え方

前問までは変数が離散的な値をとるイジング模型での平均場近似を調べてきたが，変数が連続的に変化する場合について調べる．考え方は同じであるが，連続性を反映してゆらぎが大きくなることで異なる特徴も現れる．

∥解答∥

ワンポイント解説

1.　磁化の平均を z 方向にとり

$$\langle \boldsymbol{S}_i \rangle = (0, 0, m) \tag{14.103}$$

とすると，サイト i のスピン $\boldsymbol{S}_i$ に対する平均場近似のハミルトニアンは

$$\mathcal{H}_{\mathrm{MF}} = -Jzm\cos\theta_i \tag{14.104}$$

である．このハミルトニアンでの $\boldsymbol{S}_i$ の平均は

$$\begin{aligned}
\langle {S_i}^x \rangle &= \langle {S_i}^x \rangle = 0, \\
\langle {S_i}^z \rangle &= \frac{\int_0^{2\pi} d\phi \int_0^{\pi} \sin\theta d\theta \cos\theta e^{\beta Jzm\cos\theta}}{\int_0^{2\pi} d\phi \int_0^{\pi} \sin\theta d\theta e^{\beta Jzm\cos\theta}} \\
&= \frac{\int_{-1}^{1} dx x e^{\beta Jzmx}}{\int_{-1}^{1} dx e^{\beta Jzmx}} \\
&= \coth(\beta Jzm) - \frac{1}{\beta Jzm}
\end{aligned} \tag{14.105}$$

であるので，セルフコンシステント方程式は

$$m = \coth(\beta Jzm) - \frac{1}{\beta Jzm} \tag{14.106}$$

である．

・例題 11 で説明した Langevin 関数

$$L(x) = \coth x - \frac{1}{x} \tag{14.107}$$

を用いると

$$m = L(\beta Jzm) \tag{14.108}$$

である．

2. 臨界温度は，Langevin 関数の展開

$$L(x) = \coth x - \frac{1}{x} = \frac{1}{3}x + O(x^3) \tag{14.109}$$

を用いると

$$m = \frac{1}{3}\beta Jzm \to k_B T_C = \frac{1}{3}Jz \tag{14.110}$$

と求められる．これはイジング模型の場合の 1/3 になっており，連続的な変形が許されるため，ゆらぎやすく秩序化が遅れるためと理解できる．連続スピン系では磁化反転に必要な励起エネルギーが小さくなるため，秩序化が抑制される．この効果は，3 次元では臨界温度の低下という形で現れるが，ゆらぎの効果が大きい 1, 2 次元では，相互作用が短距離の場合，長距離秩序が存在しないことが厳密に示される（マーミン・ワーグナー (Mermin-Wager) の定理）．

・ただし，例題 22 の発展問題で説明したように，平均場近似では，実効的な相互作用が長距離であるため，有限の臨界温度となる．これは，近似のせいである．

例題 26 の発展問題

26-1. 強磁性ハイゼンベルク模型 (14.102) の低温での磁化の温度依存性を求め，イジング模型の場合と比較せよ．

重要度
★★★

15 気相液相相転移

《内容のまとめ》

最も身近な相転移である気相液相相転移（液化・沸騰現象）について説明し，それをモデル化した格子気体模型を導入してこれまで調べてきた強磁性相転移との共通な機構を調べる．理想気体の状態方程式であるボイル・シャルルの法則 $PV = nRT$ では，気相・液相相転移は現れない．実在気体が示す低温高圧での液化現象を説明するには粒子間の相互作用を考慮する必要がある．相転移を引き起こす重要な要素は，(I) 粒子の大きさを反映した排除体積効果と (II) 粒子間の弱い引力である．粒子間の相互作用として，レナード・ジョーンズポテンシャル

$$\phi(r) = 4\epsilon\left\{\left(\frac{\sigma}{r}\right)^{12} - \left(\frac{\sigma}{r}\right)^{6}\right\} \tag{15.1}$$

が知られている．ただし，r は粒子間の距離を表す．レナード・ジョーンズポテンシャルでの第 1 項は排除体積効果を表し，第 2 項が粒子間の弱い引力を与えている．

分配関数はこのような相互作用を含めた式 (4.4) で与えられるハミルトニアン $\mathcal{H}$ によって

$$Z = \frac{1}{N!}\int d\boldsymbol{r}_1 \cdots \int d\boldsymbol{r}_N \int d\boldsymbol{p}_1 \cdots \int d\boldsymbol{p}_N e^{-\beta\mathcal{H}} \tag{15.2}$$

で与えられる．運動量の部分の積分は理想気体と同じであり，

$$Z_{\text{運動量}} = \int d\boldsymbol{p}_1 \cdots \int d\boldsymbol{p}_N e^{-\beta\frac{\mathbf{p}^2}{2m}} = \left(\frac{2\pi m k_{\mathrm{B}} T}{h^2}\right)^{3N/2} \tag{15.3}$$

である．理想気体では $\phi(\boldsymbol{r}) = 0$ のため，位置に関する積分は V^N であったが，実在気体では

$$Z_{位置} = \int d\boldsymbol{r}_1 \cdots \int d\boldsymbol{r}_N e^{-\beta \sum_{i,j} \phi(|\boldsymbol{r}_i - \boldsymbol{r}_i|)} \tag{15.4}$$

である．これから，実在気体の分配関数は

$$Z = \frac{1}{N!} Z_{運動量} \times Z_{位置} \tag{15.5}$$

である．ここで**配位積分**とよばれる

$$Q = \frac{1}{V^N} Z_{位置} \tag{15.6}$$

を用いると

$$Z = \frac{V^N}{N!} \left(\frac{2\pi m k_B T}{h^2} \right)^{3N/2} Q \tag{15.7}$$

となる．一般に，この配位積分を求めるのは困難であるが，クラスター展開の方法（マイヤー展開 (Mayer expansion)）とよばれる密度 N/V に関する摂動によって詳しく調べられている．

より直感的に，この効果をうまく取り入れた経験的な状態方程式としてファン・デル・ワールス **(van der Waals equation)** の状態方程式がある．

$$\left(P + a \left(\frac{N}{V} \right)^2 \right) (V - bN) = nRT \tag{15.8}$$

$P + a\left(\frac{N}{V}\right)^2$ は分子間の引力によって，容器の壁で分子は内側に引かれ，外部からの圧力 P が増えたようにみえる効果を表している．分子間の引力相互作用が 2 体力の場合，この圧力の増加分は，気体の粒子数密度 N/V の 2 乗に比例すると考えられる．a は分子間引力の大きさを表す係数である．$V - bN$ は排除体積効果のために，気体の動くことのできる体積が実効的に減るための補正である．b は分子間引力の大きさを表す係数である．係数 a, b は，物質ごとに実験的に決められている[1]．ファン・デル・ワールスの状態方程式による気

[1] Handbook of Chemistry and Physics, 96th Edition (CRC Press 2015).

相・液相相転移は本シリーズ「熱力学（佐々木一夫）」で詳しく説明されている．

実在気体の統計力学的模型として，粒子の大きさを反映した排除体積効果と粒子間の弱い引力を取り入れた離散模型として**格子気体模型** (lattice-gas model) がある．そこでは，空間を粒子の大きさ程度のセルに分割し，粒子の位置を表すのに第 i 番目のセルに粒子がいれば $n_i = 1$，いなければ $n_i = 0$ とする．排除体積効果のため $n_i > 2$ は考えない．また，粒子間の相互作用が主に短距離的であることから，粒子が隣り合ったセルにのみ，$-\phi_0$ の相互作用エネルギーを考える．これらの性質を式で表すとハミルトニアンは

$$\mathcal{H}_{\mathrm{lattice}} = -\phi_0 \sum_{<ij>} n_i n_j - \mu \sum_{i}^{N} n_j \tag{15.9}$$

となる．μ は粒子数を調整するための化学ポテンシャルである．このモデルの性質を例題 27 で調べる．

例題 27　格子気体模型 (lattice gas model)

1.　格子気体模型

$$\mathcal{H}_{\text{lattice}} = -\phi_0 \sum_{<ij>} n_i n_j - \mu \sum_{i}^{N} n_j$$

とイジング模型

$$\mathcal{H}_{\text{Ising}} = -J \sum_{<ij>} \sigma_i \sigma_j - H \sum_{i}^{N} \sigma_i$$

の関係を求めよ．

2.　格子気体模型の PV 図を平均場近似で求めよ．

考え方

気相液相相転移の重要な要素を格子模型で取り入れる．相互作用する気体の配位積分を，空間をメッシュに切ることで，粒子の有無をイジング模型で表すことができる．イジング模型で説明した自由エネルギーの求め方を，粒子の有無を表す変数の場合に適応する．さらに，ファン・デル・ワールス方程式との関係も調べる．

‖解答‖

1.　$n_i = 0, 1$ をイジングスピンの $\sigma_i = -1, 1$ に対応させると

$$n_i = \frac{1 + \sigma_i}{2} \tag{15.10}$$

であるので，格子気体のハミルトニアンに代入すると

ワンポイント解説

$$\mathcal{H}_{\text{lattice}} = -\phi_0 \sum_{<ij>} \frac{1+\sigma_i}{2}\frac{1+\sigma_j}{2} - \mu \sum_{i}^{N} \frac{1+\sigma_i}{2}$$
$$= -\frac{\phi_0}{4} \sum_{<ij>} \sigma_i\sigma_j - \left(\frac{z\phi_0}{4} + \frac{\mu}{2}\right)\sum_{i=1}^{N} \sigma_i + \text{const.} \tag{15.11}$$

となる．これを，強磁性イジング模型のハミルトニアンと比較すると，定数項を除いて

$$J = \frac{\phi_0}{4}, \quad H = \frac{z\phi_0}{4} + \frac{\mu}{2} \tag{15.12}$$

である．

・ただし，強磁性イジング模型でのスピン数 N は格子気体模型での格子上のセルの数に相当し，格子の総数，つまり容器の体積に対応するものであることに注意しよう．

・対応するイジング模型の分配関数を用いてもよいが，格子気体模型のハミルトニアンで考える．

2. 格子気体模型の表記では粒子数が可変であるのでグランドカノニカル集団の方法で扱う．化学ポテンシャルを μ としたとき，大分配関数は

$$\Xi = \sum_{\{n_i=0,1\}} e^{\beta\phi_0 \sum_{<ij>} n_i n_j + \beta\mu \sum_{i=1}^{V} n_i} \tag{15.13}$$

である．ここで n_i の平均的な粒子数（密度 n）からのずれを $n_i = n + \delta_i$ と表し，δ の 2 乗を無視する近似（例題 24）によって平均場での大分配関数を求める[2]．

$\delta_i\delta_j$ の項を無視すると，強磁性イジング模型の場合と同様な操作（例題 24）で

$$\mathcal{H}_{\text{MF}} = -(z\phi_0 n + \mu)\sum_i n_i + V\frac{z}{2}\phi_0 n^2 \tag{15.14}$$

となる．これから大分配関数は

$$\Xi \quad = e^{-\frac{V}{2}\beta z\phi_0 n^2}\left(1 + e^{\beta(z\phi_0 n + \mu)}\right)^V \tag{15.15}$$

となる．粒子数の平均は大分配関数によって

[2]宮下精二，相転移・臨界現象　岩波講座：物理の世界，岩波書店 (2002) 参照．

$$\langle N \rangle = \frac{\partial \log \Xi}{\partial(\beta\mu)} = V \frac{e^{\beta(z\phi_0 n+\mu)}}{1+e^{\beta(z\phi_0 n+\mu)}} \tag{15.16}$$

であるので，粒子数の平均のセルフコンシステント方程式は

$$n = \frac{\langle N \rangle}{V} = \frac{e^{\beta(z\phi_0 n+\mu)}}{1+e^{\beta(z\phi_0 n+\mu)}} \tag{15.17}$$

で与えられる．

大分配関数と PV の関係は $k_{\mathrm{B}}T \ln \Xi = PV$ であるので，圧力は，セルフコンシステント方程式 (15.17) と式 (15.15) を用いて

$$\begin{aligned} P &= \frac{k_{\mathrm{B}}T}{V} \ln \Xi \\ &= -\frac{z\phi_0}{2}\left(\frac{N}{V}\right)^2 + k_{\mathrm{B}}T \ln\left(1+e^{\beta(z\phi_0 n+\mu)}\right) \\ &= -\frac{z\phi_0}{2}\left(\frac{N}{V}\right)^2 - k_{\mathrm{B}}T \ln\left(1-\frac{N}{V}\right) \end{aligned} \tag{15.18}$$

となる．

例題 27 の発展問題

27-1. 例題で得られた PV 曲線 (15.18) とファン・デル・ワールス状態方程式を比較せよ．

重要度
★★★

16 モンテカルロ法とマスター方程式

《内容のまとめ》

熱平衡状態での物理量の計算の方法にモンテカルロ法がある．温度 T での物理量 A の期待値はカノニカル集団の方法で

$$\langle A\rangle = \frac{1}{Z}\sum_{\text{すべての状態}:i} A_i e^{-\beta E_i}, \quad Z = \sum_{\text{すべての状態}:i} e^{-\beta E_i} \tag{16.1}$$

（ここで A_i，E_i は，それぞれ物理量 A，エネルギー E の状態 i での値）で与えられる．ここで現れる和 $\sum_{\text{すべての状態}:i}$ を完全にとるのではなく，ランダムなサンプリングで置き換えようとするのがモンテカルロ法である．しかし，状態数は非常に大きく，たとえば，10×10 の格子の上でのイジング模型 ($\{\sigma_i = \pm 1\}$) での状態数は $2^N = 2^{100} \simeq 10^{30}$ である．このように，状態数は系の構成要素の数 N とともに指数的に増大する．さらに，それらの状態の重率（ボルツマン因子）の大きさが非常に広く分布しているので，単純に状態を一様にランダムに発生する方法（単純サンプリング）では，たとえ1億回のサンプリングを行っても $10^8 \ll 10^{30}$ であり，歯が立たない．しかし，実際の熱平衡状態で実現しているのは，エネルギーが熱平衡値の近くの状態である．そこで，熱力学的分布を反映した重みで状態をサンプルする方法（**重み付きモンテカルロ法**）を用いる．この方法では，熱平衡状態の状態分布を以下で説明するように**マスター方程式**を利用して生成し，そこで現れる状態を用いて，物理量の熱平衡状態での期待値を求める．

$$\langle A \rangle \simeq \langle A \rangle_{\mathrm{MC}} = \frac{\sum_{k=1:\mathrm{sample}}^{\mathrm{MCS}} A_k}{\mathrm{MCS}} \tag{16.2}$$

ここで MCS はモンテカルロ法でのサンプル数である．また，A_k は k 回目のサンプルでの A の値である．

まず，マスター方程式の簡単な説明をしておく．統計的な状態は，個々の状態がどのように分布するかを表す状態の確率分布関数で表される．マスター方程式では確率分布関数の時間変化を，ある状態 i が単位時間あたりに状態 j に遷移する**遷移確率** (transition probability)$\omega_{i\to j}$ によって与える．説明を簡単にするため，系は離散的な $1, 2, \cdots, M$ 個の状態をもつとする．ある時間 t での状態 i の確率を $P(i,t)$ とする．$P(i,t)$ の変化は Δt のあいだに，他の状態 $j(\neq i)$ に遷移するための減少分：$\omega_{i\to j}P(i,t)\Delta t$ と，他の状態 $j(\neq i)$ から状態 i に変化することによる増加分：$\omega_{j\to i}P(j,t)\Delta t$ によって与えられるので，時間 $t+\Delta t$ で確率 $P(i,t+\Delta t)$ は

$$P(i,t+\Delta t) = P(i,t) - \sum_{j\neq i} P(i,t)\omega_{i\to j}\Delta t + \sum_{j\neq i} P(j,t)\omega_{j\to i}\Delta t \tag{16.3}$$

となる．このように遷移確率で確率分布の時間変化を与える式がマスター方程式である．

マスター方程式は，各状態の確率 $\{P(i,t)\}$ の線形の方程式であるので，系の状態の数を M として確率分布をベクトル表示し，行列の表記法を用いる．

$$\boldsymbol{P}(t) = \begin{pmatrix} P(1,t) \\ P(2,t) \\ \vdots \\ P(M,t) \end{pmatrix} \tag{16.4}$$

とすると，式 (16.3) は

$$\boldsymbol{P}(t+\Delta t) = \mathcal{L}\boldsymbol{P}(t) \tag{16.5}$$

と行列表記できる．$\mathcal{L}$ は $M \times M$ の行列であり，時間を Δt 進める**時間発展演算子**とよばれる．その行列要素は，

$$\mathcal{L}_{ij} = \omega_{j\to i}\Delta t \quad i \neq j \tag{16.6}$$

であり，対角成分 $\mathcal{L}_{ii}$ は状態 i に留まる確率で

$$\mathcal{L}_{ii} = 1 - \sum_{j \neq i} \omega_{i \to j} \Delta t \tag{16.7}$$

である（$\mathcal{L}_{ii} \geq 0$ でなくてはならないので，そのように Δt を選ぶ）．このとき

$$\sum_i \mathcal{L}_{ij} = 1 \tag{16.8}$$

である．この条件が満たされると時間発展において確率が保存する．

$$\sum_i P(i,0) = 1 \to \sum_i P(i,t) = 1 \tag{16.9}$$

系の時間発展を時間発展演算子 $\mathcal{L}$ の固有値，固有ベクトル

$$\mathcal{L}|\phi_m\rangle = \lambda_m |\phi_m\rangle, \quad |\phi_m\rangle = \begin{pmatrix} \phi_{m1} \\ \phi_{m2} \\ \vdots \\ \phi_{mM} \end{pmatrix}, \quad m = 1, 2, \ldots, M \tag{16.10}$$

を用いて表す．初期分布 $\boldsymbol{P}(0)$ を固有ベクトルによって展開する．

$$\boldsymbol{P}(0) = \sum_{m=1}^{M} c_m |\phi_m\rangle \tag{16.11}$$

$t = n\Delta t$ の確率分布は，$\mathcal{L}$ を n 回作用させ

$$\boldsymbol{P}(t) = \mathcal{L}^n \boldsymbol{P}(0) = \sum_{m=1}^{M} c_m \lambda^n |\phi_m\rangle \tag{16.12}$$

で与えられる．$\mathcal{L}$ は対称行列ではないので，左右固有ベクトルは異なる．

ここで，$\mathcal{L}$ の条件として，$\mathcal{L}$ で与えられる状態更新を何回か繰り返すと，すべての状態間の遷移が可能となるとする．この性質は，**確率過程のエルゴード性**という．たとえば，$\mathcal{L}$ を n 回作用させるとすべての状態間の遷移が可能になるとすると，$(\mathcal{L})^n$ のすべての行列要素は正となる．この条件が成立する場合，$\boldsymbol{P}(t)$ は一意的にある確率分布 $\boldsymbol{P}_{\rm eq}$ に収束する（例題 28 参照）．

$$\lim_{t \to \infty} \boldsymbol{P}(t) = \boldsymbol{P}_{\rm eq} \tag{16.13}$$

この最終確率分布 $\boldsymbol{P}_{\rm eq}$ が熱平衡分布になるように遷移確率を工夫すると，マスター方程式によって熱平衡分布で状態を生成することができる．これが，重み付きモンテカルロ法の原理である．

このように，任意の状態が熱平衡状態に緩和するしくみは統計力学の重要な問題である．ボルツマンが不可逆性に関して，気体の運動における **H 定理**を提唱し，1 体の確率分布関数に関する H 関数

$$H(t) = \sum_{i=1}^{M} P(i,t) \ln P(i,t) \tag{16.14}$$

が単調に減衰することを示し，不可逆過程と情報の縮約についての理解が進んだ．これと類似して

$$S(t) = -\sum_{i=1}^{M} P(i,t) \ln P(i,t) \tag{16.15}$$

という情報論的エントロピー，あるいはシャノン (**Shannon**) エントロピーとよばれる量が導入され系の乱雑さの指標として用いられている．熱力学でのエントロピーは平衡状態でのシャノンエントロピーにボルツマン定数 $k_{\rm B}$ をかけたものである．つまり，エネルギーが一定のすべての状態が同じ確率で現れるミクロカノニカル集団において，シャノンエントロピーが最大になるのは，

$$P_{\rm eq}(i) = \frac{1}{W(E)} = {\rm const.} \tag{16.16}$$

のときであり，そのときのエントロピーは，ミクロカノニカル集団で定義された

$$S(E) = k_{\rm B} \ln W(E) \tag{16.17}$$

に一致する．

確率過程での H 定理の拡張は相対エントロピー (**Kullback-Leibler divergence**)

$$D(\boldsymbol{P}||\boldsymbol{Q}) = \sum_{k=1}^{M} P(k) \ln \frac{P(k)}{Q(k)}, \quad \sum_{k} P(k) = 1, \quad \sum_{k} Q(k) = 1 \tag{16.18}$$

を用いてなされる（発展問題 28-1 参照）．

例題 28　マスター方程式

1. 確率保存の関係 (16.9) を示せ.
2. 遷移確率が確率過程のエルゴード性を満たす場合に, $\boldsymbol{P}(t)$ は一意的にある確率分布 $\boldsymbol{P}_{\mathrm{eq}}$ に収束することを示せ. 線形代数の定理である正値行列に関するペロン・フロベニウス (Perron-Frobenius) の定理を用いてよい.
3. 確率分布の時間発展が式 (16.12) であることから, 最大固有値 λ_1 の値, その固有ベクトル $|\phi_1\rangle$ の成分の和 $\sum_{k=1}^{M}\phi_{1k}$ の値, および, 最大固有値以外の固有ベクトル $|\phi_m\rangle$ $(m \geq 2)$ の成分の和 $\sum_{k=1}^{M}\phi_{mk}$ の値が満たさなくてはならない条件を求めよ.
4. マスター方程式を微分形で表せ.
5. 各状態の確率 $\{P(i,t)\}$ を用いて, 自由エネルギーに相当する以下の量

$$F = \sum_{i=1}^{M} P(i,t)E_i + k_{\mathrm{B}}T\sum_{i=1}^{M} P(i,t)\ln P(i,t) \tag{16.19}$$

を

$$\sum_{i=1}^{M} P(i,t) = 1 \tag{16.20}$$

のもとで最小にする $P(i,t) = P_{\mathrm{eq}}(i)$ が温度が指定された系での熱平衡状態での出現確率（カノニカル分布）に一致し, そのときの F が自由エネルギーに一致することを示せ.

考え方

マスター方程式の基本的性質を調べる. 特に, 確率過程のエルゴード性がある場合に定常状態が一意的に決まることを確認する. また, 定常状態への緩和を, 時間発展方程式の固有値問題として捉える. これらの性質はモンテカルロ法の重要な要素となる.

解答

1.

$$\sum_{i=1}^{M} P(i,\Delta t) = \sum_{i=1}^{M}\left(\sum_{k=1}^{M}(\mathcal{L})_{ik}P(k,0)\right)$$
$$= \sum_{k=1}^{N}\left(\sum_{i=1}^{M}(\mathcal{L})_{ik}\right)P(k,0) \qquad (16.21)$$

であり，$\sum_{i=1}^{M}(\mathcal{L})_{ik}=1$ を用いると

$$\sum_{i} P(i,0)=1 \to \sum_{i} P(i,t)=1 \qquad (16.22)$$

である．

2. ある回数 n の更新で時間発展演算子のすべての要素が正になると

$$\left(\mathcal{L}^{n}\right)_{ij}>0 \qquad (16.23)$$

であり，$\mathcal{L}^{n}$ は正値行列となる．

λ_1 が最大であるので

$$\boldsymbol{P}(N\Delta t)=\sum_{m=1}^{M} c_m \lambda^{N}|\phi_m\rangle \to c_1\lambda_1^{N}|\phi_1\rangle \qquad (16.24)$$

となる．つまり，更新を繰り返すと系の分布は，一意的に決まった分布に収束することがわかる．

3. 確率の規格化が保たれなくてはならないので，

$$\sum_{k=1}^{M} \quad \phi_{1k}=1, \quad \phi_{1k}\text{はベクトル}\ |\phi_1\rangle\ \text{の第}\ k\ \text{成分} \qquad (16.25)$$

かつ

$$c_1=1, \quad \lambda_1=1 \qquad (16.26)$$

でなくてはならない．つまり，$\mathcal{L}$ の最大固有値は

ワンポイント解説

線形代数の定理であるペロン・フロベニウスの定理（線形代数の教科書参照．たとえば，線形代数入門（齋藤正彦）東大出版会 (1966)）によると，(1) 正値行列の最大固有値は正で非縮退，つまり一意的であること，(2) 最大固有値の固有ベクトル $|\phi_1\rangle$ の各成分 $(\phi_{1k}, k=1,2,\ldots,M)$ は正であること，がわかっている．

1 で，任意の初期状態は $|\phi_1\rangle$ に収束する．つまり，$|\phi_1\rangle$ は $\mathcal{L}$ による時間発展の定常状態である．

最大固有値以外の固有状態 $c_m\lambda_m^N|\phi_m\rangle$ が N によらず，確率分布の規格化に影響を与えないためには

$$\sum_k \phi_{mk} = 0, \quad m > 1 \tag{16.27}$$

でなくてはならない．

・$|\phi_m\rangle\ (m > 1)$ は定常状態の確率分布からどこかを増やし，どこかを減らすものである．このことから $|\phi_m\rangle$ は確率分布を，規格化を保ちながら変形するものであることがわかる．m 番目の成分は変形の m 番目形態（モード）を与える．その変形モードの緩和時間 τ_m は

$$\lambda_m^N = e^{-N\Delta t/\tau_m}, \quad \tau_m = \frac{\Delta t}{|\ln \lambda_m|} \tag{16.28}$$

である．

4.　マスター方程式 (16.3) を

$$\frac{P(i, t+\Delta t) - P(i,t)}{\Delta t} = -\sum_{j\neq i} P(i,t)\omega_{i\to j} + \sum_{j\neq i} P(j,t)\omega_{j\to i} \tag{16.29}$$

の形に書き，$\Delta t \to 0$ とすると

$$\frac{\partial P(i,t)}{\partial t} = -\sum_{j\neq i} P(i,t)\omega_{i\to j} + \sum_{j\neq i} P(j,t)\omega_{j\to i} \tag{16.30}$$

であり

$$\frac{\partial \boldsymbol{P}(t)}{\partial t} = -L\boldsymbol{P}(t), \quad L \equiv -\lim_{\Delta t\to 0}\frac{\mathcal{L}-1}{\Delta t} \tag{16.31}$$

となる．$\mathcal{L}$ による時間発展は，L によって

$$\left(\mathcal{L}(\Delta t)\right)^{t/\Delta t} = \mathcal{L}(t) = e^{-Lt} \tag{16.32}$$

で与えられる．

・L の固有値は，緩和時間の逆数である．

5.

$$\sum_{i=1}^{M} P_{\mathrm{eq}}(i) = 1 \tag{16.33}$$

の条件のもとでの最小値をラグランジュの未定係数法で決める．

$$\begin{aligned}
&\frac{\partial}{\partial P_{\rm eq}(i)}\left(F-\alpha\left(\sum_{i=1}^{M}P_{\rm eq}(i)-1\right)\right)\\
&=E_i+k_{\rm B}T\left(\ln P_{\rm eq}(i)+1\right)-\alpha\\
&=0 \qquad (16.34)\\
&-\beta E_i=\ln P_{\rm eq}(i)+1-\beta\alpha\\
&\quad\rightarrow P_{\rm eq}(i)=e^{-\beta E_i+\beta\alpha-1} \qquad (16.35)
\end{aligned}$$

であるので，規格化定数を Z とすると

$$e^{\beta\alpha-1}=\frac{1}{Z} \tag{16.36}$$

であり

$$P_{\rm eq}(i)=\frac{1}{Z}e^{-\beta E_i} \tag{16.37}$$

と，カノニカル分布が得られる．また，このとき F は定義から熱平衡状態での自由エネルギーとなる．

例題 28 の発展問題

28-1. 相対エントロピー (**Kullback-Leibler divergence**)

$$D(\boldsymbol{P}||\boldsymbol{Q}) = \sum_{k=1}^{M} P(k) \ln \frac{P(k)}{Q(k)}, \quad \sum_{k} P(k) = 1, \quad \sum_{k} Q(k) = 1 \tag{16.38}$$

が非負であることを示せ.

28-2. 情報論的エントロピー（シャノンエントロピー）を用いた自由エネルギー

$$F(t) = \sum_{i=1}^{M} P(i,t) E_i + k_{\mathrm{B}} T \sum_{i=1}^{M} P(i,t) \ln P(i,t) \tag{16.39}$$

と，その熱平衡状態での自由エネルギー

$$F_{\mathrm{eq}} = \sum_{i=1}^{M} P_{\mathrm{eq}}(i) E_i + k_{\mathrm{B}} T \sum_{i=1}^{M} P_{\mathrm{eq}}(i) \ln P_{\mathrm{eq}}(i) \tag{16.40}$$

の差を相対エントロピーを用いて表せ.

28-3. マスター方程式で

$$D(\boldsymbol{P}(t)||\boldsymbol{P}_{\mathrm{eq}}) = \sum_{k=1}^{M} P(k,t) \ln \frac{P(k,t)}{P_{\mathrm{eq}}(k)} \tag{16.41}$$

が非負であることを示せ.

28-4. $D(\boldsymbol{P}(t)||\boldsymbol{P}_{\mathrm{eq}})$ は単調に減少することを示せ．これは，相対エントロピーがボルツマンの H 関数の一般化になっている.

例題 29　モンテカルロ法

1. マスター方程式で与えられる時間発展の最終状態 ($|\phi_1\rangle$(16.24)) が熱平衡状態となるために，遷移確率が満たさなくてならない条件を求めよ．
2. 磁場中に置かれた 1 個のスピン σ

$$\mathcal{H} = -h\sigma, \quad \sigma = \pm 1 \tag{16.42}$$

の磁化 $M(=\sigma)$ の時間発展を，上向きから下向きに単位時間に遷移する確率を $W_{1\to 2} = \alpha$，下向きから上向きに単位時間に遷移する確率を $W_{2\to 1} = \beta$ として求めよ．上向き状態を 1，下向き状態を 2 として，状態 1, 2 での磁化 M は $M(1) = 1, \quad M(2) = -1$ とする．
また，この時間発展の定常状態が温度 T での熱平衡状態の分布に一致するための α, β の満たすべき条件を求めよ．

考え方

前問で調べたマスター方程式の定常状態を熱平衡状態の分布（カノニカル分布）となるように設定することで，重み付きモンテカルロ法を実現する．その具体的なアルゴリズムを考える．さらに，簡単な例として，磁場中のスピンの例を調べる．

‖解答‖

1. マスター方程式 (16.3) の一意的な定常状態では $P(i, t+\Delta t) = P(i,t) = P_{\mathrm{eq}}(i)$ であるので，各 i ごとに P_{eq} が

$$-\sum_{j\neq i} P_{\mathrm{eq}}(i)\omega_{i\to j} + \sum_{j\neq i} P_{\mathrm{eq}}(j)\omega_{j\to i} = 0 \tag{16.43}$$

の関係を満たすように遷移確率 $\{\omega_{i\to j}\}$ を決めればよい．

この条件を満たす簡単な方法として，和の中の各 i, j ごとに

ワンポイント解説

$$P_{\rm eq}(i)\omega_{i\to j} = P_{\rm eq}(j)\omega_{j\to i} \tag{16.44}$$

が成り立つように遷移確率を決めることを，**詳細釣り合いの条件 (detailed balance)** という．たとえば，あるサイト k のスピン σ_k を反転する遷移確率を

$$\omega_{\sigma_k\to-\sigma_k} = \frac{e^{-\beta E(-\sigma_k)}}{e^{-\beta E(\sigma_k)} + e^{-\beta E(-\sigma_k)}} \tag{16.45}$$

とすると，遷移確率がカノニカル重率に比例するので詳細釣り合いの条件を満たす．この取り方は熱浴法，あるいは 1 次元イジング模型の動的性質をマスター方程式の方法で調べた R. J. Glauber[1] にちなんで**グラウバー法 (Glauber algorithm)** とよばれる．

また，反転によってエネルギーが下がる場合には必ず反転し，エネルギーが上がる場合には遷移確率がエネルギー増分 ΔE を用いて $e^{-\beta\Delta E}$ とすると，やはり詳細釣り合いを満たす．

$$\omega_{\sigma_k\to-\sigma_k} = \begin{cases} 1 & E(-\sigma_k) \le E(\sigma_k) \\ e^{\beta(E(\sigma_k)-E(-\sigma_k))} & E(-\sigma_k) > E(\sigma_k) \end{cases} \tag{16.46}$$

この遷移確率の取り方は**メトロポリス法 (Metropolis algorithm)** とよばれる[2]．

通常，詳細釣り合いの条件が用いられることが多いが，一般には和をとったものが等しければよいので，モンテカルロ法の効率改善のため，より広い状態間で遷移確率を決める工夫もなされている[3]．

[1] R. J. Glauber, J. Math. Phys. **4**, 294, (1963).
[2] N. Metropolis, A.W. Rosenbluth, M.N. Rosenbluth, A.H. Teller, and E. Teller, J. Chem. Phys. **21**, 1087 (1953).
[3] H. Suwa and S. Todo, Phys. Rev. Lett. **105**, 120603 (2010).

2.　確率の時間発展方程式は

$$\frac{d}{dt}\begin{pmatrix} P_1(t) \\ P_2(t) \end{pmatrix} = -L \begin{pmatrix} P_1(t) \\ P_2(t) \end{pmatrix},$$

$$L \equiv -\begin{pmatrix} -\alpha & \beta \\ \alpha & -\beta \end{pmatrix} \tag{16.47}$$

である．L の右固有値，右固有ベクトルは

$$|1\rangle = \begin{pmatrix} \beta \\ \alpha \end{pmatrix}, \lambda_1 = 0, \quad |2\rangle = \begin{pmatrix} 1 \\ -1 \end{pmatrix}, \lambda_2 = \alpha + \beta \tag{16.48}$$

である．この状態が熱平衡状態であるためには

$$\begin{pmatrix} \beta \\ \alpha \end{pmatrix} \propto \frac{1}{Z}\begin{pmatrix} e^{\beta h} \\ e^{-\beta h} \end{pmatrix}, \quad Z = e^{\beta h} + e^{-\beta h} \tag{16.49}$$

でなくてはならない．そのためには

$$\frac{\beta}{\alpha} = e^{2\beta h} \tag{16.50}$$

でなくてはならない．

遷移確率 α, β を熱浴法で

$\alpha = \frac{e^{-\beta h}}{e^{\beta h}+e^{-\beta h}}$,

$\beta = \frac{e^{\beta h}}{e^{\beta h}+e^{-\beta h}}$,

$\beta > \alpha$　(16.51)

ととると，確かにこの関係を満たしている．

例題 29 の発展問題

29-1. 通常のモンテカルロ法では，遷移確率に比例して新しい状態の採否を決めることで状態が更新されるが，新しい状態への遷移確率が非常に小さい場合，ほとんどすべての状態更新で新しい状態は採用されず，系の状態変化が非常に遅くなる．そのような場合，通常の遷移確率に比例した状態採否を用いたモンテカルロ法は非常に効率が悪くなる．このような場合の対処法として，現在の状態から何らかの変化が起こるまでの時間，つまり状態の保持時間を求める方法がある[4]．

マスター方程式において状態の保持時間を求め，それを利用したモンテカルロ法を工夫せよ．

29-2. 連続スピン系であるハイゼンベルク模型でのモンテカルロ法の更新方法を考えよ．

[4] A. B. Bortz, M. H. Kalos, J. L. Lewobitz, J. Comp. Phys. **17** 10, (1975). J. C. Angels d'Auriac, R. Maynard and R. Rammal, J. Stat. Phys. **28**, 307 (1982).

重要度
★★★

17　線形応答

《内容のまとめ》

ここまで，平衡状態の性質について調べてきた．そこでの応答現象は，外場に対する物理量の変位である．たとえば磁場に対する磁化の応答は帯磁率で，また電場に対する電気分極の応答は分極率で与えられる．さらに，磁化の電場に対する応答や電気分極の磁場への応答などのいわゆる交差応答もある．これらの応答は自由エネルギーの外場による2階微分で与えられ，熱平衡状態の統計力学の範囲で処理できる．

しかし，身近な応答現象として，電場に対する電流の応答である電気伝導現象や熱流の温度差に対する応答である熱伝導などもある．これは，変位ではなく流れの応答であるので，統計力学の範囲で処理できず，非平衡統計力学とよばれる範疇である．これらに関して，外場の1次の範囲での応答は，電気伝導オームの法則や熱伝導のフーリエの法則が知られており，一般に線形応答とよばれる．

一般化された線形応答では，外力を $F(t)$ とし，それに対する物理量 X の応答を

$$X(t) = \chi_\infty F(t) + \int_{-\infty}^{t} \Phi(t-t')F(t')dt' \tag{17.1}$$

の形に表す．ここで，$\Phi(t)$ は応答関数とよばれる．右辺の第1項は，瞬間的な応答として早い緩和の部分を表したものである．$\Phi(t)$ を $\chi_\infty\delta(t) + \Phi(t)$ として応答関数に取り込んでもよい．さらにそれを用いて，かけていた外場を切った後の変化を表す緩和関数

$$\Psi(t) = \int_t^{\infty} \Phi(s) ds \tag{17.2}$$

や，周期的な外場 $e^{-i\omega t}$ に対する応答を表す複素アドミッタンス

$$\chi(\omega) = \int_0^{\infty} \Phi(s) e^{i\omega s} \tag{17.3}$$

などが定義されている（例題 30 参照）．また，物理量のゆらぎと応答関数を関係づける揺動・散逸定理も導ける．

ここでは，系のミクロな情報であるハミルトニアンから応答関数を導く久保公式とそれを用いた磁気共鳴について考える．

例題 30　線形応答

1. $\Phi(t), \Psi(t), \chi(\omega)e^{-i\omega t}$ は，それぞれ式 (17.1) で，$F(t) = \delta(t), F(t) = \theta(-t), F(t) = e^{-i\omega t}$ の場合の $X(t)$ であることを示せ．ここで，$\theta(t)$ はヘヴィサイドの階段関数である．つまり，$\theta(-t)$ は $t < 0$ で 1，$t > 0$ で 0 であり，$t = 0$ でそれまでかけていた外場を切ることを意味している．
2. 外場がないときのハミルトニアンが $\mathcal{H}_0$ で与えられる系に時間による外場 $a(t)$ がかかったときの，物理量 B の応答関数 $\Phi(t)$ を $a(t)$ の 1 次までの近似で求めよ．外場 $a(t)$ の共役な物理量は A とする．つまり，外場 $a(t)$ によるエネルギーを $\mathcal{H}'(t) = -a(t)A$ とし，ハミルトニアンを $\mathcal{H}(t) = \mathcal{H}_0 - a(t)A$ とする．
3. $a(t)$ が周期的な外場

$$a(t) = ae^{-i\omega t} \tag{17.4}$$

の場合の複素アドミッタンスを求めよ．

考え方

線形応答の重要な量である，応答関数，緩和関数，複素アドミッタンスの導出を確認する．さらに，外場に線形な範囲での応答関数などを系のハミルトニアンから具体的に導く久保公式を導出し，複素アドミッタンスに関する具体的表式を求める．

‖解答‖

ワンポイント解説

1. $F(t) = \delta(t)$ とすると

$$X(t) = \int_{-\infty}^{t} \Phi(t-t')\delta(t')dt' = \Phi(t) \tag{17.5}$$

$F(t) = \theta(-t)$ とすると

$$\begin{aligned} X(t) &= \int_{-\infty}^{t} \Phi(t-t')\theta(-t')dt' \\ &= \int_{-\infty}^{0} \Phi(t-t')dt' = \int_{t}^{\infty} \Phi(s)ds \end{aligned} \tag{17.6}$$

$F(t) = e^{-i\omega t}$ とすると

$$X(t) = \int_{-\infty}^{t} \Phi(t - t')e^{-i\omega t'}dt'$$
$$= \int_{\infty}^{0} \Phi(s)e^{-i\omega(t-s)}(-ds)$$
$$= e^{-i\omega t}\int_{0}^{\infty} \Phi(s)e^{i\omega s}ds = \chi(\omega)e^{-i\omega t} \quad (17.7)$$

より

$$\chi(\omega) = \int_{0}^{\infty} \Phi(s)e^{i\omega s}ds \quad (17.8)$$

である．

2. 系のハミルトニアンは $\mathcal{H} = \mathcal{H}_0 + \mathcal{H}'(t)$ である．$\mathcal{H}_0$ で与えられる系の熱平衡状態の密度行列を

$$\rho_{\mathrm{eq}} = \frac{1}{Z}e^{-\beta\mathcal{H}_0}, \quad i\hbar\frac{d}{dt}\rho_{\mathrm{eq}} = [\mathcal{H}_0, \rho_{\mathrm{eq}}] = 0 \quad (17.9)$$

とする．$\mathcal{H}'(t)$ を摂動として，密度行列の変化を考える．

$$\rho = \rho_{\mathrm{eq}} + \rho' \quad (17.10)$$

とすると，密度行列の時間発展（運動）は

$$i\hbar\frac{d}{dt}\rho = [\mathcal{H}, \rho] = [\mathcal{H}_0 + \mathcal{H}'(t), \rho_{\mathrm{eq}} + \rho']$$
$$= [\mathcal{H}_0, \rho_{\mathrm{eq}}] + [\mathcal{H}_0, \rho'] + [\mathcal{H}'(t), \rho_{\mathrm{eq}}] + [\mathcal{H}'(t), \rho'] \quad (17.11)$$

で与えられる．ここで，最後の項は摂動の 2 次以上であるので無視する近似（線形近似）を行うと，式 (17.9) を用いて

$$i\hbar\frac{d}{dt}\rho' = [\mathcal{H}_0, \rho'] + [\mathcal{H}'(t), \rho_{\mathrm{eq}}] \quad (17.12)$$

が得られる．これは，ρ' について線形の方程式であるので，ρ' は

$$\rho' = \frac{1}{i\hbar}\int_{-\infty}^{t} e^{-i(t-t')\mathcal{H}_0/\hbar}[\mathcal{H}'(t'), \rho_{\mathrm{eq}}]e^{i(t-t')\mathcal{H}_0/\hbar}dt' \tag{17.13}$$

で与えられる．

ここで，物理量 B の期待値の時間変化は

$$\langle B(t)\rangle = \mathrm{Tr}\, B\rho(t) \tag{17.14}$$

で与えられる．ここでは表記を簡単にするため

$$\langle B\rangle_{\mathrm{eq}} = \mathrm{Tr}\, B\rho_{\mathrm{eq}} = 0 \tag{17.15}$$

とする．

これより

$$\langle B(t)\rangle = \mathrm{Tr}\, B\rho'(t) \tag{17.16}$$

であるので，$\mathcal{H}'(t) = -a(t)A$ として，式 (17.13) を代入すると

$$\begin{aligned}&\langle B(t)\rangle \\ &= -\frac{1}{i\hbar}\int_{-\infty}^{t} a(t') \\ &\quad\times\frac{1}{Z}\mathrm{Tr}\left\{e^{-i(t-t')\mathcal{H}_0/\hbar}[A, e^{-\beta\mathcal{H}_0}]e^{i(t-t')\mathcal{H}_0/\hbar}B\right\}dt'\end{aligned} \tag{17.17}$$

となるので，応答関数は

$$\begin{aligned}&\Phi(t-t') \\ &= -\frac{1}{i\hbar}\frac{1}{Z}\mathrm{Tr}\left\{e^{-i(t-t')\mathcal{H}_0/\hbar}[A, e^{-\beta\mathcal{H}_0}]e^{i(t-t')\mathcal{H}_0/\hbar}B\right\}\end{aligned} \tag{17.18}$$

であり，$s = t - t'$ として整理すると

・ρ' を t で微分すると，式 (17.12) が得られることで確認できる．

・$\langle B\rangle_{\mathrm{eq}} \neq 0$ のときは $B \to B - \langle B\rangle_{\mathrm{eq}}$ とする．

$$\Phi(s) = -\frac{1}{i\hbar}\frac{1}{Z}\mathrm{Tr}\left\{e^{-is\mathcal{H}_0/\hbar}[A, e^{-\beta\mathcal{H}_0}]e^{is\mathcal{H}_0/\hbar}B\right\} \tag{17.19}$$

となる．Tr の性質

$$\begin{aligned}
&\mathrm{Tr}\left\{e^{-is\mathcal{H}_0/\hbar}Ae^{-\beta\mathcal{H}_0}e^{is\mathcal{H}_0/\hbar}B\right. \\
&\quad \left. - e^{-is\mathcal{H}_0/\hbar}e^{-\beta\mathcal{H}_0}Ae^{is\mathcal{H}_0/\hbar}B\right\} \\
&= \mathrm{Tr}\left\{e^{is\mathcal{H}_0/\hbar}Be^{-is\mathcal{H}_0/\hbar}Ae^{-\beta\mathcal{H}_0}\right. \\
&\quad \left. - Ae^{is\mathcal{H}_0/\hbar}Be^{-is\mathcal{H}_0/\hbar}e^{-\beta\mathcal{H}_0}\right\} \\
&= \mathrm{Tr}\left\{B(s)Ae^{-\beta\mathcal{H}_0} - AB(s)e^{-\beta\mathcal{H}_0}\right\}
\end{aligned}$$

を用いると

$$\Phi(t) = -\frac{1}{i\hbar}\langle[B(t), A]\rangle_{\mathrm{eq}} \tag{17.20}$$

・これは，久保公式とよばれる．

となる．

3.　式 (17.17) に $a(t) = ae^{-i\omega t}$ を代入とすると

$$\begin{aligned}
&\langle B(t)\rangle \\
&= -ae^{-i\omega t}\frac{1}{i\hbar}\int_0^\infty \\
&\quad \times e^{i\omega s}\frac{1}{Z}\mathrm{Tr}\left\{e^{-is\mathcal{H}_0/\hbar}[A, e^{-\beta\mathcal{H}_0}]e^{is\mathcal{H}_0/\hbar}B\right\}ds
\end{aligned} \tag{17.21}$$

であり，

$$\langle B(t)\rangle = a\chi_{AB}(\omega)e^{-i\omega t} \tag{17.22}$$

とすると複素アドミッタンスは

$$\chi_{AB}(\omega) = -\frac{1}{i\hbar}\int_0^\infty e^{i\omega s}\langle[B(s), A]\rangle_{\mathrm{eq}}ds \tag{17.23}$$

となる．

例題 30 の発展問題

30-1. 電子スピン共鳴 ESR (Electron-Spin Resonance) は電子スピンの交流の横磁場 $H_x e^{-i\omega t}$ への応答である．磁化の x 成分を M_x とすると，系のハミルトニアンは

$$\mathcal{H} = \mathcal{H}_0 - g\mu_{\mathrm{B}} H_x M_x e^{-i\omega t} \tag{17.24}$$

である．ここで，式 (17.23) で $A = B = M_x$ とした磁気共鳴のスペクトル

$$\chi_{M_x M_x}(\omega) = -\frac{1}{i\hbar}\int_0^\infty dse^{i\omega s}\left\langle [A(s), A] \right\rangle_{\mathrm{eq}} \tag{17.25}$$

を求め，非摂動系 $\mathcal{H}_0$ の固有値，固有関数

$$\mathcal{H}_0|k\rangle = E_k|k\rangle, \quad k = 1, 2, \ldots$$

で表すと

$$\mathrm{Im}\,\chi_{AA}(\omega) = \frac{1-e^{\omega\hbar\beta}}{2\hbar}\sum_{k,\ell} 2\pi\delta\left(\omega - \frac{E_k - E_\ell}{\hbar}\right)e^{-\beta E_\ell}|\langle k|A|\ell\rangle|^2$$

と書けることを示せ．本問では，表記を簡単にするため $g\mu_{\mathrm{B}}$ を書かない．また，M_x を A と記す．

この式は，外場 H_x の吸収，つまりスペクトル強度の減少は，角振動数 ω が $\mathcal{H}_0$ の k 番目の状態と ℓ 番目の状態のエネルギー準位の差に等しいときにのみ起こり（共鳴），その強度はその状態間の $A(= M_x)$ の行列要素の大きさに $|\langle k|A|\ell\rangle|^2$ に比例することを表している．$\omega > 0$ としたとき，エネルギーが低い方の準位 ℓ の熱平衡状態での重み $e^{-\beta E_\ell}$ をかけたもので与えられる．これは，そこからエネルギーを吸収して高いエネルギー準位 k に遷移するプロセスを表している．

ω がエネルギー準位の差に等しくエネルギー的に共鳴が可能な場合でも，$|\langle k|A|\ell\rangle|^2 = 0$ である場合，k, ℓ は遷移が禁止される．そのような場合は禁制遷移とよばれる．$|\langle k|A|\ell\rangle|^2 \neq 0$ の場合は許容遷移とよばれる．このように $|\langle k|A|\ell\rangle|^2$ によって，許容であるか禁制であるかが決まることを選択則という．

発展問題の解

1 章の発展問題

1-1. $X(Y,Z)$ の変化（全微分）は

$$dX = \left(\frac{\partial X}{\partial Y}\right)_Z dY + \left(\frac{\partial X}{\partial Z}\right)_Y dZ$$

であるが，変数 $A = A(Y,Z)$ を Z に関して解き，$Z = Z(Y,A)$ とし，$X(Y,Z)$ を Y と A の関数 $X(Y,Z(Y,A))$ として考えると

$$dX = \left(\frac{\partial X}{\partial Y}\right)_A dY + \left(\frac{\partial X}{\partial A}\right)_Y dA$$

とも書ける．ここに，$A = A(Y,Z)$ の変数 Z, Y への依存性

$$dA = \left(\frac{\partial A}{\partial Y}\right)_Z dY + \left(\frac{\partial A}{\partial Z}\right)_Y dZ$$

を代入すると

$$dX = \left(\frac{\partial X}{\partial Y}\right)_A dY + \left(\frac{\partial X}{\partial A}\right)_Y \left(\left(\frac{\partial A}{\partial Y}\right)_Z dY + \left(\frac{\partial A}{\partial Z}\right)_Y dZ\right)$$

となる．変数 Z を固定した偏微分を求めるために，$dZ = 0$ で dY への依存性を求めると

$$\left(\frac{\partial X}{\partial Y}\right)_Z = \left(\frac{\partial X}{\partial Y}\right)_A + \left(\frac{\partial X}{\partial A}\right)_Y \left(\frac{\partial A}{\partial Y}\right)_Z$$

が得られる．

2 章の発展問題

2-1. N 個の粒子からなる理想気体の運動量は $(p_1^x, p_1^y, p_1^z), \ldots, (p_N^x, p_N^y, p_N^z)$ であり，エネルギーは

$$E = \sum_{i=1}^{N} \sum_{\alpha=x,y,z}^{N} \frac{1}{2m} (p_i^\alpha)^2$$

と表されるので，エネルギー一定の領域は $3N$ 次元の運動量空間での超球殻である．一般に，半径 r の n 次元球の体積は次式で与えられる．

$$\Omega_n(r) = \frac{r^n \pi^{n/2}}{\Gamma(n/2+1)},$$

ここで $\Gamma(x)$ はガンマ関数

$$\Gamma(x+1) = x\Gamma(x), \quad \text{自然数}\, n\, \text{では}\Gamma(n) = n!$$

である．これから，エネルギー E の超球殻の表面積 $A(E)$ は，$d = 3N$，$r = \sqrt{2mE}$ として

$$A(E) = \frac{d\Omega_{3N}(\sqrt{2mE})}{dE} = \frac{3N}{2} 2m \frac{(2mE)^{(3N/2-1)} \pi^{3N/2}}{\Gamma(3N/2+1)}$$

であるので，厚さ ΔE の超球殻の体積は $A(E) \times \Delta E$ である．また，位置の自由度に関する積分は与えられた容器の体積 V を用いて V^N であるので，エネルギーが $E \sim E + \Delta E$ の位相空間の体積 $\mathcal{V}$ は $V^N A(E) \times \Delta E$ となり，その状態数は

$$W(E) = \frac{V^N A(E) \Delta E}{C^{3N}} = V^N \frac{E^{3N/2}}{\Gamma(3N/2+1)} \times \frac{3N}{2C^{3N}} (2\pi m)^{3N/2} \Delta E$$

である．ここで，ガンマ関数の性質 $\ln \Gamma(x) \simeq x \ln x - x$ を用いると，N が大きいとき，エネルギーが $E \sim E + \Delta E$ のあいだにある状態数は $3N/2 + 1 \simeq 3N/2$ として

$$\begin{aligned} W(E) &\propto V^N \frac{E^{3N/2}}{(3N/2)^{3N/2}} e^{3N/2} \frac{3N}{2} \left(\frac{2\pi m}{C^2} \right)^{3N/2} \Delta E \\ &= V^N \left(\frac{E}{N} \right)^{3N/2} e^{3N/2} \frac{3N}{2} \left(\frac{4\pi m}{3C^2} \right)^{3N/2} \Delta E \end{aligned}$$

となる．

ただし，ここではすべての粒子を区別できると仮定している．区別できない場合は，数えすぎの因子 $N!$ で割らなくてはならない．その場合，

$$\begin{aligned} W(E) &= \frac{1}{N!} V^N \left(\frac{E}{N}\right)^{3N/2} e^{3N/2} \frac{3N}{2} \left(\frac{4\pi m}{3C^2}\right)^{3N/2} \Delta E \\ &\simeq \left(\frac{V}{N}\right)^N e^N \left(\frac{E}{N}\right)^{3N/2} e^{3N/2} \frac{3N}{2} \left(\frac{4\pi m}{3C^2}\right)^{3N/2} \Delta E \\ &= \left(\left(\frac{V}{N}\right)\left(\frac{E}{N}\right)^{3/2} e^{5/2}\right)^N \frac{3N}{2} \left(\frac{4\pi m}{3C^2}\right)^{3N/2} \Delta E \end{aligned}$$

である．この数えすぎの因子 $N!$ に関しては，同種粒子の状態に関するギブスのパラドックスの項参照.

2-2. $S(E) = k_{\mathrm{B}} \ln W(E)$ を用いる．$N!$ を用いない場合

$$\frac{S(E)}{k_{\mathrm{B}}} = N \ln V + \frac{3N}{2} + \frac{3N}{2} \ln\left(\frac{E}{N}\right) + \frac{3N}{2} \ln\left(\frac{4\pi m}{3C^2}\right) + o(N).$$

である．ここで，第 1 項は V が N に比例するため，エントロピーは $N \ln N$ の依存性をもち，このままでは示量性の要請を満たさない．それに対し，粒子が区別できないとして $\ln N! \simeq N \ln N - N$ を用いると

$$\frac{S(E)}{k_{\mathrm{B}}} = N \ln V - N \ln V + N + \frac{3N}{2} + \frac{3N}{2} \ln\left(\frac{E}{N}\right) + \frac{3N}{2} \ln\left(\frac{4\pi m}{3C^2}\right) + o(N)$$

であり

$$\frac{S(E)}{N k_{\mathrm{B}}} = \ln \frac{V}{N} + \frac{5}{2} + \frac{3}{2} \ln\left(\frac{E}{N}\right) + \frac{3N}{2} \ln\left(\frac{4\pi m}{3C^2}\right)$$

とエントロピーの示量性の要請を満たす.

3 章の発展問題

3-1. この集団では，体積をやりとりできる 2 つの系の接触 $(V = V_{\mathrm{A}} + V_{\mathrm{B}})$ を考え，

$$\frac{\partial S(E, V, N)}{\partial V} = \frac{P}{T}$$

であることを用いて，独立変数を T, P, N とする集団を作ることができる．系 B での温度，圧力を

$$\frac{\partial S_{\mathrm{B}}(E_{\mathrm{B}}, V_{\mathrm{B}}, N_{\mathrm{B}})}{\partial E_{\mathrm{B}}} = \frac{1}{T}, \quad \frac{\partial S_{\mathrm{B}}(E_{\mathrm{B}}, V_{\mathrm{B}}, N_{\mathrm{B}})}{\partial V_{\mathrm{B}}} = \frac{P}{T},$$

とすると

$$S_{\mathrm{B}}(E-E_{\mathrm{A}},V-V_{\mathrm{A}}) \simeq S_{\mathrm{B}}(E,V)-\frac{1}{T}E_{\mathrm{A}}-\frac{P}{T}V_{\mathrm{A}}$$

である．温度 T，圧力 P で熱平衡状態にある系での，エネルギー E_i，体積 V_i をもつ状態 i の出現確率は

$$p(i) \propto W_{\mathrm{A}}(E_{\mathrm{A}},V_{\mathrm{A}})W_{\mathrm{B}}(E-E_{\mathrm{A}},V-V_{\mathrm{A}})$$

であるので

$$p(i)=\frac{1}{\mathcal{Y}}e^{-\beta E_i-\beta V_i}, \qquad \mathcal{Y}=\sum_{\text{すべての状態 } i} e^{-\beta E_i-\beta V_i}$$

で与えられる．そのため，独立変数を T,P,N とする集団での分配関数に相当するのは次の量である．

$$\mathcal{Y}(T,P,N)=\int_0^\infty e^{-\frac{PV}{k_{\mathrm{B}}T}}Z(T,V,N)dV$$

ここで $Z(T,V,N)$ は体積が V のときの分配関数である．ちなみに，

$$G=-k_{\mathrm{B}}T\ln\mathcal{Y}(T,P,N)$$

である．

4-1. n 次の応答は

$$\chi_{n+1}=\frac{\partial^n\langle A\rangle}{\partial a^n}=\beta^n\frac{\partial^n}{\partial(\beta a)^n}\frac{\partial\ln Z(a)}{\partial(\beta a)}=\beta^n\frac{\partial^{n+1}\ln Z(a)}{\partial(\beta a)^{n+1}}$$

である．ここで $\mathcal{H}(a+\xi)=\mathcal{H}_0-aA-\xi A$ での分配関数を $Z(a,\xi)$ とすると

$$\chi_{n+1}=\beta^n\left.\frac{\partial^{n+1}\ln Z(a,\xi)}{\partial(\beta\xi)^{n+1}}\right|_{\xi=0}$$

と書ける．

$$\begin{aligned}Z(a,\xi)&=\mathrm{Tr}\,e^{\beta\xi A}e^{-\beta\mathcal{H}(a)}=\frac{\mathrm{Tr}\,e^{\beta\xi A}e^{-\beta\mathcal{H}(a)}}{\mathrm{Tr}\,e^{-\beta\mathcal{H}(a)}}\mathrm{Tr}\,e^{-\beta\mathcal{H}(a)}\\&=Z(a,0)\langle e^{\beta\xi A}\rangle\end{aligned}$$

であるので，キュムラントの定義 (3.34) を用いると，$s=\beta\xi$ として

$$\ln Z(a,\xi) = \ln Z(a,0) + \sum_{n=1}^{\infty} \frac{(\beta\xi)^n}{n!} \langle A^n \rangle_{\mathrm{C}}$$

である.

$$\chi_{n+1} = \beta^n \left. \frac{\partial^{n+1} \ln Z(a,\xi)}{\partial(\beta\xi)^{n+1}} \right|_{\xi=0} = \beta^n \langle A^{n+1} \rangle_{\mathrm{C}}$$

であるので

$$\chi_n = \beta^{n-1} \langle A^n \rangle_{\mathrm{C}}$$

となる.

4-2. 定義どおり計算すると

$$\langle A \rangle_{\mathrm{C}} = \langle A \rangle, \quad \langle A^2 \rangle_{\mathrm{C}} = \langle A^2 \rangle - \langle A \rangle^2, \langle A^3 \rangle_{\mathrm{C}} = \langle A^3 \rangle - 3\langle A^2 \rangle \langle A \rangle + 2\langle A \rangle^3$$

である.

4 章の発展問題

5-1. ハミルトニアンは

$$E_0 = \frac{E_{\mathrm{HS}} + E_{\mathrm{LS}}}{2}, \quad D = \frac{E_{\mathrm{HS}} - E_{\mathrm{LS}}}{2}$$

とすると

$$\mathcal{H} = -J \sum_{ij} S_i S_j + D \sum_{i=1}^{N} S_i$$

となる. ここで, 注意しなくてはならないのは $S_i = \pm 1$ となる状態がイジング模型の場合と異なり 1 状態ではなく複数（縮重度 > 1）であり, なおかつ, 縮重度は $S_i = \pm 1$ で異なる点である. $S_i = \pm 1$ での縮重度を, それぞれ $n_\pm$ で与えたとき, このモデルは, イジング変数を用いて表せる（例題 25 参照).

5-2. ハミルトニアンは

$$\mathcal{H} = -t \sum_{<ij>} \left(c_{i,\sigma}^\dagger c_{j,\sigma} + c_{j,\sigma}^\dagger c_{i,\sigma} \right) + U n_{i,+} n_{i,-}$$

である．ここで，$\sigma = \pm$ は電子のスピンを表す変数である．また，$n_{i,\sigma}$ は粒子数演算子 ($n_{i\sigma} = c_{i,\sigma}^{\dagger} c_{i,\sigma}$) である．この模型は，電子間の相互作用を取り入れたいわゆる強相関電子系の基礎的なもので，遍歴磁性体，超伝導体などのモデルに用いられ重要なものであるが，フェルミ粒子の量子性が強く効く系であり，取り扱いが難しいので本書では説明しない．それぞれの専門書を参照されたい．

5 章の発展問題

6-1. 理想気体の大分配関数は，

$$\Xi = \sum_N e^{\beta\mu N} \sum_{N\ \text{粒子のすべての状態}} e^{-\beta\mathcal{H}_N}$$

であり，$\sum_{N\ \text{粒子のすべての状態}} e^{-\beta\mathcal{H}_N}$ は，粒子数が N の場合の分配関数 Z_N であるので

$$\begin{aligned}\Xi &= \sum_N \frac{1}{N!} e^{\beta\mu N} V^N \frac{1}{C^{3N}} (2\pi m k_{\mathrm{B}} T)^{3N/2} \\ &= \sum_N \frac{1}{N!} \left(e^{\beta\mu} V \frac{1}{C^3} (2\pi m k_{\mathrm{B}} T)^{3/2} \right)^N \\ &= e^{V e^{\beta\mu} \left(\frac{2\pi m k_{\mathrm{B}} T}{C^2} \right)^{\frac{3}{2}}}\end{aligned}$$

となる．粒子数の平均は

$$\langle N \rangle = \frac{\partial}{\partial(\beta\mu)} \ln \Xi = V e^{\beta\mu} \left(\frac{2\pi m k_{\mathrm{B}} T}{C^2} \right)^{\frac{3}{2}}$$

であり，関係 (3.17) を用いると，理想気体の状態方程式

$$PV = k_{\mathrm{B}} T \ln \Xi = k_{\mathrm{B}} T V e^{\beta\mu} \left(\frac{2\pi m k_{\mathrm{B}} T}{C^2} \right)^{\frac{3}{2}} = \langle N \rangle k_{\mathrm{B}} T$$

が得られる．

6-2. 粒子数の平均の表式

$$\langle N \rangle = V e^{\beta\mu} \left(\frac{2\pi m k_{\mathrm{B}} T}{C^2} \right)^{\frac{3}{2}}$$

より

$$\mu = k_{\rm B}T \ln\left(\frac{\langle N\rangle}{V}\left(\frac{2\pi m k_{\rm B}T}{C^2}\right)^{-\frac{3}{2}}\right)$$

となり，式 (5.13) に一致する．

6-3. 理想気体の場合，式 (5.14) において

$$\begin{aligned}\mathcal{Y}(T,P,N) &= \frac{1}{C^{3N}N!}(2\pi m k_{\rm B}T)^{\frac{3N}{2}}\int_0^\infty e^{-\frac{PV}{k_{\rm B}T}}V^N dV\\ &= \frac{1}{C^{3N}N!}(2\pi m k_{\rm B}T)^{\frac{3N}{2}}N!\left(\frac{k_{\rm B}T}{P}\right)^{N+1}\end{aligned}$$

であるので，ギブスの自由エネルギー $G(T,P,N) = -k_{\rm B}T\ln\mathcal{Y}$ は

$$\begin{aligned}G(T,P,N) = -Nk_{\rm B}T&\left(\frac{5}{2}\ln T - \ln P + \ln\left(\frac{(2\pi m)^{3/2}k_{\rm B}^{5/2}}{C^3}\right)\right)\\ &+ o(N)\end{aligned}$$

で与えられる．この集団でのエントロピー

$$S(T,P,N) = -\left(\frac{\partial G}{\partial T}\right)_{P,N}$$

は

$$S(T,P,N) = Nk_{\rm B}\left(\frac{5}{2}\ln T - \ln P + \ln\left(\frac{(2\pi m)^{3/2}k_{\rm B}^{5/2}}{C^3}\right) + \frac{5}{2}\right)$$

となる．また，化学ポテンシャルは $G = N\mu$ より

$$\mu = k_{\rm B}T\ln\left(\frac{P}{k_{\rm B}T}\left(\frac{C^2}{2\pi m k_{\rm B}T}\right)^{3/2}\right)$$

である．これらに $PV = Nk_{\rm B}T$ を代入すると，例題で求めた，式 (5.11), (5.13) に一致する．

6 章の発展問題

7-1. $E = -N\tanh\beta\varepsilon$ より $x = \beta\varepsilon$ として

$$\frac{E}{\varepsilon N} = -\tanh x, \quad x = \beta\varepsilon$$

は

$$\frac{1 \pm \frac{E}{\varepsilon N}}{2} = \frac{1 \mp \tanh x}{2} = \frac{e^{\pm x}}{e^x + e^{-x}}$$

であり，この関係を式 (6.9) に代入して整理すると式 (6.18) となる．

7 章の発展問題

8-1. 特性関数は

$$X = \left(\frac{1}{2}\int_{-1}^{1} e^{i\xi x}dx\right)^N = \left(\frac{e^{i\xi} - e^{-i\xi}}{2i\xi}\right)^N$$

であるので

$$\frac{d}{d\xi}\ln X = N\left(\frac{ie^{i\xi} + ie^{-i\xi}}{e^{i\xi} - e^{-i\xi}} - \frac{1}{\xi}\right)$$
$$\left.\frac{d}{d\xi}\ln X\right|_{\xi=0} = N\lim_{\xi\to 0}\left(\frac{ie^{i\xi} + ie^{-i\xi}}{e^{i\xi} - e^{-i\xi}} - \frac{1}{\xi}\right) = 0$$

$$\langle M\rangle = 0$$

$$\frac{d^2}{d\xi^2}\ln X$$
$$= N\left(\frac{-e^{i\xi} + e^{-i\xi}}{e^{i\xi} - e^{-i\xi}} - \left(\frac{ie^{i\xi} + ie^{-i\xi}}{e^{i\xi} - e^{-i\xi}}\right)^2 + \frac{1}{\xi^2}\right)$$

$$\lim_{x\to 0}\left[\left(\frac{\cos x}{\sin x}\right)^2 - \frac{1}{x^2}\right] = -\frac{2}{3}$$

であるので

$$\langle M^2\rangle - \langle M\rangle^2 = \frac{1}{3}N$$

8-2. 特性関数は

$$X = \langle e^{i\xi x}\rangle = \int_{-\infty}^{\infty} e^{\lambda x}P(x)dx = e^{i\xi x_0 - \frac{1}{2a}\lambda^2}$$

であり，

$$\ln\langle e^{i\xi x}\rangle = i\xi x_0 - \frac{1}{2a}\xi^2$$

であるので，$n > 2$ では

$$\frac{d^n}{d\xi^n} \ln\langle e^{i\xi x}\rangle = 0$$

である．キュムラントの定義

$$\ln\langle e^{\lambda x}\rangle = \langle e^{\lambda x} - 1\rangle_{\mathrm{c}} \to \langle e^{\lambda x}\rangle = \exp\left[\lambda\langle x\rangle_{\mathrm{c}} + \frac{\lambda^2}{2}\langle x^2\rangle_{\mathrm{c}} + \cdots\right]$$

と比べると，1 次，2 次のキュムラントは，それぞれ $\langle x\rangle_{\mathrm{c}} = x_0$，$\langle x^2\rangle_{\mathrm{c}} = \frac{1}{a}$ さらに，3 次以上のキュムラントが 0 であることがわかる．

8-3. 特性関数は，形式的に

$$X(\xi) = \int_{-\infty}^{\infty} \frac{e^{i\xi x}}{\pi(1+x^2)} dx = \pi \int_{-\infty}^{\infty} \frac{1}{2i}\left(\frac{e^{i\xi x}}{x-i} - \frac{e^{i\xi x}}{x+i}\right) dx$$

で与えられる．ここでの複素積分で上半面をまわるとき $(\xi > 0)$ は，極 $z = i$ の留数を用いて

$$X(\xi) = e^{-\xi}$$

であり，下半面をまわるとき $(\xi < 0)$ は，極 $z = -i$ の留数を用いて

$$X(\xi) = e^{\xi}$$

となる．つまり，

$$X(\xi) = e^{-|\xi|}$$

であるため，$\xi = 0$ で微分できず，モーメントは求まらない．

8-4. 2 項分布

$$P(N_+) = (p_+)^{N_+}(p_-)^{N_-}\frac{N!}{N_+!(N-N_+)!}$$

において，$N \gg N_+$ のとき

$$\frac{N!}{N_+!(N-N_+)!} = \frac{1}{(N_+)!}N(N-1)\cdots(N-N_+1) \simeq \frac{1}{(N_+)!}N^{N_+}$$

ここで，λ の定義より

$$(p_+)^{N_+}N^{N_+} = \lambda^{N_+}$$

であり，また

$$(p_-)^{N_-} = (1-p_+)^{N-N_+} \simeq e^{-p_+(N-N_+)} \simeq e^{-\lambda}$$

であるので，この極限で 2 項分布はポアソン分布

$$P(N_+) = \frac{e^{-\lambda}\lambda^{N_+}}{(N_+)!}$$

となる．

8 章の発展問題

9-1. 区別できる場合の分配関数は

$$Z_{\text{異種粒子}} = \sum_{n_x^{(1)}=-\infty}^{\infty} \sum_{n_y^{(1)}=-\infty}^{\infty} \sum_{n_z^{(1)}=-\infty}^{\infty} \sum_{n_x^{(2)}=-\infty}^{\infty} \sum_{n_y^{(2)}=-\infty}^{\infty} \sum_{n_z^{(2)}=-\infty}^{\infty} \times \exp\left(-\beta\frac{\hbar^2(2\pi)^2}{2mL^2}\sum_{i=1}^{2}((n_x^{(i)})^2+(n_y^{(i)})^2+(n_z^{(i)})^2)\right)$$

である．同種粒子の場合には，2 つの粒子が異なった状態にある場合には入れ替わった状態にある場合を 2 回数えていることを補正をするため 2 で割る．しかし，2 つ粒子が同じ状態にある場合には状態がもともと 1 つなので 2 で割るは間違いである．そこで，2 つ粒子が同じ状態にある場合についての補正が必要である．

粒子が同じ状態にあることが許される場合（ボース・アインシュタイン統計）には 2 つ粒子が同じ状態にある場合の寄与

$$Z_{2\text{ 重占有}} = \sum_{n_x^{(1)}=0}^{\infty} \sum_{n_y^{(1)}=0}^{\infty} \sum_{n_z^{(1)}=0}^{\infty} \times \exp\left(-\beta\frac{\hbar^2(2\pi)^2}{2mL^2}2((n_x^{(1)})^2+(n_y^{(1)})^2+(n_z^{(1)})^2)\right)$$

を加えてから 2 で割ると正しい分配関数となる．

$$Z_{\text{同種粒子}} = \frac{1}{2}\left(Z_{\text{異種粒子}} + Z_{2\text{ 重占有}}\right)$$

もし，粒子が同じ状態にあることが許されないフェルミ・ディラック統計に従う場合，同じ状態を占有することができないので，2 つの粒子が同じ状態にある場合の寄与を除いて 2 で割ると正しい分配関数となる．

$$Z_{\text{フェルミ・ディラック粒子}} = \frac{1}{2}\left(Z_{\text{異種粒子}} - Z_{2\ \text{重占有}}\right)$$

10-1. 比熱の一般的表式 (8.30)

$$C = k_{\mathrm{B}} \sum_{i=1}^{N} (\hbar\omega_i\beta)^2 \frac{e^{\beta\hbar\omega_i}}{(e^{\beta\hbar\omega_i}-1)^2}$$

を ω での積分で表し，$\omega \sim \omega + d\omega$ のあいだにある基本モードの数が $D(\omega) \propto \omega^2 d\omega$ に比例することを用いる．低温では大きな $\hbar\omega$ の寄与が指数関数的に小さくなるので積分の上限を ∞ で近似すると

$$C = k_{\mathrm{B}} \int_0^{\infty} (\hbar\omega\beta)^2 \frac{e^{\beta\hbar\omega}}{(e^{\beta\hbar\omega}-1)^2} D(\omega) d\omega \propto k_{\mathrm{B}} \int_0^{\infty} (\hbar\omega\beta)^2 \frac{e^{\beta\hbar\omega}}{(e^{\beta\hbar\omega}-1)^2} \omega^2 d\omega$$

となる．ここで $x = \beta\hbar\omega$ とすると

$$C = k_{\mathrm{B}} (\hbar\beta)^{-3} \int_0^{\infty} x^2 \frac{e^x}{(e^x-1)^2} x^2 dx \propto T^3$$

となる．このように ω の分布を考慮すると低温での固体の比熱は T^3 に比例する．

11-1. $S = 1/2$ の場合は，

$$\begin{aligned}
B_{1/2}(x) &= \frac{2}{1}\coth\frac{2x}{1} - \frac{1}{1}\coth\frac{x}{1} = 2\coth(2x) - \coth x \\
&= 2\frac{e^{2x}+e^{-2x}}{e^{2x}-e^{-2x}} - \frac{e^x+e^{-x}}{e^x-e^{-x}} \\
&= 2\frac{e^{2x}+e^{-2x}-(e^x+e^{-x})^2}{e^{2x}-e^{-2x}} = \frac{e^x-e^{-x}}{e^x+e^{-x}} = \tanh x.
\end{aligned}$$

11-2. $S = \infty$ の場合は，

$$B_{\infty}(x) = \coth x - \lim_{1/S \to 0} \frac{1}{2S}\coth\frac{x}{2S} = \coth x - \frac{1}{x}$$

であり，古典スピン系の磁化と一致する．

11-3. ハミルトニアンは $b = 2a/J$ として

$$\mathcal{H} = -\frac{J}{4}\begin{pmatrix} 1 & 0 & 0 & 0 \\ 0 & -1+b & 2 & 0 \\ 0 & 2 & -1-b & 0 \\ 0 & 0 & 0 & 1 \end{pmatrix}$$

固有値は，$-\frac{J}{4}, -\frac{J}{4}(-1+\sqrt{4+b^2}), -\frac{J}{4}(-1-\sqrt{4+b^2}), -\frac{J}{4}$ であるので，分配関数は

$$Z = 2e^{\frac{1}{4}\beta J} + e^{\frac{1}{4}\beta J(\sqrt{4+b^2}-1)} + e^{-\frac{1}{4}\beta J(\sqrt{4+b^2}+1)}$$

である．

$$\chi_{\rm st} = \frac{\partial\langle(S_1^z - S_2^z)\rangle}{\partial a} = \beta\frac{\partial^2 \ln Z}{\partial(\beta a)^2} = \left(\frac{2}{J}\right)^2 \beta\frac{\partial^2 \ln Z}{\partial(\beta b)^2}$$

であるので

$$\chi_{\rm st} = \left(\frac{2}{J}\right)^2 \beta\left(\frac{Z''}{Z} - \left(\frac{Z'}{Z}\right)^2\right),$$

$$\frac{1}{Z}\frac{\partial Z}{\partial b} = \frac{\frac{1}{4}\beta J\frac{b}{\sqrt{4+b^2}}e^{\frac{1}{4}\beta J(\sqrt{4+b^2})-1)} - \frac{1}{4}\beta J\frac{b}{\sqrt{4+b^2})}e^{-\frac{1}{4}\beta J(\sqrt{4+b^2}+1)}}{2e^{\frac{1}{4}\beta J} + e^{\frac{1}{4}\beta J(\sqrt{4+b^2})-1)} + e^{-\frac{1}{4}\beta J(\sqrt{4+b^2}+1)}}$$

$$= \frac{\frac{1}{4}\beta J\frac{b}{\sqrt{4+b^2}}(e^{\frac{1}{4}\beta J(\sqrt{4+b^2})-1)} - e^{-\frac{1}{4}\beta J(\sqrt{4+b^2}+1)})}{2e^{\frac{1}{4}\beta J} + e^{\frac{1}{4}\beta J(\sqrt{4+b^2})-1)} + e^{-\frac{1}{4}\beta J(\sqrt{4+b^2}+1)}}$$

$$\frac{1}{Z}\frac{\partial^2 Z}{\partial b^2} = \frac{\frac{\partial}{\partial b}\left[\frac{1}{4}\beta J\frac{b}{\sqrt{4+b^2}}(e^{\frac{1}{4}\beta J(\sqrt{4+b^2})-1)} - e^{-\frac{1}{4}\beta J(\sqrt{4+b^2}+1)})\right]}{2e^{\frac{1}{4}\beta J} + e^{\frac{1}{4}\beta J(\sqrt{4+b^2})-1)} + e^{-\frac{1}{4}\beta J(\sqrt{4+b^2}+1)}} - \left(\frac{1}{Z}\frac{\partial Z}{\partial b}\right)^2$$

である．$b=0$ では

$$\frac{Z'}{Z} = 0, \quad \frac{Z''}{Z} = \frac{\frac{1}{4}\beta J\frac{1}{\sqrt{4}}(e^{\frac{1}{4}\beta J} - e^{-\frac{3}{4}\beta J})}{3e^{\frac{1}{4}\beta J} + e^{-\frac{3}{4}\beta J}}$$

であるので

$$\chi_{\rm st} = \left(\frac{2}{J}\right)^2 \frac{1}{\beta^2}\beta\frac{\frac{1}{8}\beta J(e^{\frac{1}{4}\beta J} - e^{-\frac{3}{4}\beta J})}{3e^{\frac{1}{4}\beta J} + e^{-\frac{3}{4}\beta J}} = \frac{1}{2J}\frac{e^{\frac{1}{4}\beta J} - e^{-\frac{3}{4}\beta J}}{3e^{\frac{1}{4}\beta J} + e^{-\frac{3}{4}\beta J}}$$

である．これは，$\beta\langle(S_1^z - S_2^z)^2\rangle$ とは一致しない（例題 12 参照）．

12-1. 次のように $f(\beta)$ を定義し

$$e^{\beta(F+G)} = e^{\beta F}f(\beta), \quad f(\beta) = e^{-\beta F}e^{\beta(F+G)}$$

両辺を β で微分し，整理すると

$$\frac{\partial}{\partial\beta}f(\beta) = -e^{-\beta F}Fe^{\beta(F+G)} + e^{-\beta F}(F+G)e^{\beta(F+G)}$$
$$= e^{-\beta F}Ge^{\beta(F+G)}$$

である．これを β で積分すると

$$f(\beta) = \int_0^\beta d\lambda e^{-\lambda F}Ge^{\lambda(F+G)} + f(0), \quad f(0) = 1$$

であるので

$$e^{\beta(F+G)} = e^{\beta F}\left(1 + \int_0^\beta e^{-\lambda F}Ge^{\lambda(F+G)}d\lambda\right)$$

となる．

12-2. トレースの中を順序を保ちながら入れ替えると

$$\langle A(t)B\rangle = \frac{1}{Z}\mathrm{Tr}e^{it\mathcal{H}/\hbar}Ae^{-it\mathcal{H}/\hbar}Be^{-\beta\mathcal{H}}$$
$$= \frac{1}{Z}\mathrm{Tr}Be^{-\beta\mathcal{H}}e^{it\mathcal{H}/\hbar}Ae^{-it\mathcal{H}/\hbar}$$

であるので

$$\langle A(t)B\rangle = \frac{1}{Z}\mathrm{Tr}Be^{-\beta\mathcal{H}+it\mathcal{H}/\hbar}Ae^{-it\mathcal{H}/\hbar+\beta\mathcal{H}}e^{-\beta\mathcal{H}}$$

と変形すると $A(t+i\beta\hbar) = e^{-\beta\mathcal{H}+it\mathcal{H}/\hbar}Ae^{-it\mathcal{H}/\hbar+\beta\mathcal{H}}$ として

$$\langle A(t)B\rangle = \langle BA(t+i\beta\hbar)\rangle = \langle B(-t-i\beta\hbar)A\rangle$$

となる．

12-3. 式 (8.73) の関係を用いると

$$\Phi_{AB}[\omega] = \frac{1}{2\pi}\int_{-\infty}^{\infty} dte^{-i\omega t}\langle B(-t-i\beta\hbar)A\rangle$$

となる．ここで，$s = -t - i\beta\hbar$ として整理すると

$$\Phi_{AB}[\omega] = \frac{1}{2\pi}\int_{-\infty}^{\infty} dse^{-i\omega(-s-i\beta\hbar)}\langle B(s)A\rangle = e^{-\beta\hbar\omega}\Phi_{BA}[-\omega]$$

が得られる．

9 章の発展問題

13-1. 密度行列は

$$\rho = \frac{1}{Z}e^{-\beta\mathcal{H}} = \frac{1}{Z}e^{-\beta\frac{\hbar^2}{2m}\frac{\partial^2}{\partial x^2}}$$

である．位置の演算子の固有状態を用いて，演算子部分の行列要素

$$f(x, x', \beta) = \langle x|e^{-\beta\frac{\hbar^2}{2m}\frac{\partial^2}{\partial x^2}}|x'\rangle$$

を求める．これを β で微分すると

$$\frac{\partial}{\partial\beta}f(x, x', \beta) = -\frac{\hbar^2}{2m}\frac{\partial^2}{\partial x^2}f(x, x', \beta)$$

である．これは拡散方程式である．温度が無限大 $(\beta = 0)$ では

$$f(x, x', 0) = \langle x|x'\rangle = \delta(x - x')$$

であるので，それを初期条件とした解は

$$f(x, x', \beta) \propto \exp\left(-\left(\frac{m}{2\hbar^2\beta}\right)(x - x')^2\right)$$

であり，規格化因子を含めて密度行列の行列要素は

$$\rho(x, x', \beta) = \sqrt{\frac{m}{2\pi\hbar^2\beta}}\exp\left(-\left(\frac{m}{2\hbar^2\beta}\right)(x - x')^2\right)$$

である．

10 章の発展問題

14-1. 1 次元では

$$D_k(k)dk = 2dk \to D_E(E)dE = \left(\frac{L}{2\pi}\right)\frac{2m}{\hbar}\frac{1}{\sqrt{2mE}}dE$$

2 次元では

$$D_k(k)dk = 2\pi k dk \to D_E(E)dE = \left(\frac{L}{2\pi}\right)^2\frac{2\pi m}{\hbar^2}dE$$

である．1 次元では状態密度が $E \sim 0$ で $E^{-1/2}$ の発散を示す．

15-1. 輻射公式で与えられるエネルギーの分布を積分したものが，系の内部エネルギー $U(T)$ である．

$$U(T)=\int_0^\infty E(\omega,T)d\omega=\frac{V}{\pi^2c^3}\frac{\hbar\omega^3}{e^{\beta\hbar\omega}-1}d\omega$$

において，積分公式

$$\int_0^\infty \frac{x^3}{e^x-1}dx=\frac{\pi^4}{15}$$

を用いると

$$U(T)=\frac{\pi^2k_{\mathrm{B}}^4}{15c^3\hbar^3}VT^4$$

となる．

15-2. 単位時間あたりに面積 S の穴から熱放射によって黒体から放出されるエネルギーは，上半面 $(0<\theta<\pi/2)$ に光子のエネルギーの流れ（光速：c）で与えられ

$$SJ=\frac{S_{\mathrm{c}}}{4\pi}\int_0^\infty\int_0^{2\pi}\int_0^{\pi/2}\sin\theta d\theta\cos\theta E(\omega,T)d\omega$$

となる．これから，単位面積あたりに放出されるエネルギー J は U の $c/4$ であり，

$$J=\sigma T^4$$

で与えられる．その係数

$$\sigma=\frac{\pi^2k_{\mathrm{B}}^4}{60c^2\hbar^3}=5.67\times10^{-8}\,\mathrm{Jm^{-2}s^{-1}K^{-4}}$$

はシュテファン-ボルツマン定数とよばれる．

11 章の発展問題

16-1. フェルミエネルギーの式 (11.19)

$$\mu_0=\frac{\hbar^2}{2m}\left(3\pi^2\frac{N}{V}\right)^{2/3}$$

に $\hbar=1.054\times10^{-34}$ Js，電子の質量 $m=9.107\times10^{-34}$ kg，$N/V\simeq 8.5\times10^{28}\,\mathrm{m^{-3}}$ を用いると

$$\mu_0\simeq1.1\times10^{-18}\,\mathrm{J}\simeq8\times10^4\,\mathrm{K}$$

となる．このエネルギーは室温 $(\sim 300\,\mathrm{K})$ に比べてたいへん大きいので，電

子気体は縮退した理想気体として扱うことができる．

16-2. 物理量 A の温度 T での，期待値は分布関数 $f(E,T)$ を用いて

$$\langle A\rangle = \int_0^\infty D(E)A(E)f(E,T)dE$$

と表せる．低温では，分布関数 $f(E,T)$ が $E=\mu$ で大きな変化をすることを利用して低温での近似式を求める．実際，$T=0$ では $df(E)/dE$ はデルタ関数であり，低温では

$$\frac{df}{dE} = \frac{d}{dE}\frac{1}{e^{\beta(E-\mu)}+1} = -\frac{\beta}{(e^{\beta(E-\mu)/2}+e^{-\beta(E-\mu)/2})^2}$$

は $E=\mu$ 付近のみで大きな寄与をもつ関数である．この性質を利用するため，$\int_0^\infty D(E)A(E)f(E,T)dE$ を部分積分する．そのため，

$$B(E) = \int_0^E D(E')A(E')dE$$

を導入する．

$$\int_0^\infty f(E)\frac{dB}{dE}dE = [f(E)B(E)]_0^\infty - \int_0^\infty \frac{df}{dE}B(E)dE$$

であるが，第 1 項は $f(\infty)=0$，$B(0)=0$ から消える．上で説明したように dF/fE は $E=\mu$ 付近のみで大きな寄与をもつ関数であるので $B(E)$ を $E=\mu$ 付近で展開する．

$$B(E) \simeq B(\mu) + \left.\left(\frac{dB}{dE}\right)\right|_{E=\mu}(E-\mu) + \frac{1}{2}\left.\left(\frac{d^2B}{dE^2}\right)\right|_{E=\mu}(E-\mu)^2 + \cdots$$

ここで，$x=\beta(E-\mu)$ を変数とし，$\beta\mu \gg 1$ であるので，積分範囲の下限 $-\beta\mu$ を $-\infty$ に変更する．そこでの定積分

$$\int_{-\infty}^\infty \frac{dx}{(e^{x/2}+e^{-x/2})^2} = 1, \quad \int_{-\infty}^\infty \frac{xdx}{(e^{x/2}+e^{-x/2})^2} = 0,$$
$$\int_{-\infty}^\infty \frac{x^2dx}{(e^{x/2}+e^{-x/2})^2} = \frac{\pi^2}{3}$$

を用いると，式 (11.22) が得られる．

17-1. 系の圧力は $PV = k_{\mathrm{B}}T\ln\Xi$ であるので，式 (11.11)

$$\ln \Xi_{\mathrm{BE}} = \sum_{(k_x,k_y,k_z)} \ln\left(\frac{1}{1-e^{-\beta(E_k-\mu)}}\right)$$
$$= -\int_0^\infty dE \ln(1-e^{-\beta(E-\mu)})D(E)$$

$(D(E) = D_0 E^{1/2})$ において，k に関する積分で部分積分すると

$$PV = \int_0^\infty dE \frac{2}{3} D_0 E^{3/2} \frac{1}{e^{\beta(E-\mu)-1}}$$

が得られる．これをエネルギーと比較すると，

$$PV = \frac{2}{3}E$$

が得られる．この関係は，古典粒子系やフェルミ・ディラック粒子の場合も同様である．

17-2. 理想気体のエネルギー分布関数は，古典力学の場合にはマクスウェル・ボルツマン分布：

$$f_{\mathrm{MB}}(E) = \frac{N}{V}\left(\sqrt{\frac{2\pi m k_B T}{h^2}}\right)^{-3} e^{-\beta E},$$

量子力学系では，フェルミ・ディラック分布 (11.14)，あるいはボース・アインシュタイン分布 (11.12)：

$$f_{\mathrm{FD}}(E) = \frac{1}{e^{\beta(E-\mu)}+1}, \quad f_{\mathrm{BE}}(E) = \frac{1}{e^{\beta(E-\mu)}-1}$$

である．これらが近似的に一致するのは，式 (5.17) を用いて

$$e^{\beta\mu} = \frac{N}{V}\frac{1}{\left(\sqrt{\frac{2\pi m k_B T}{h^2}}\right)^3} \ll 1, \quad \frac{N}{V} \ll \left(\sqrt{\frac{2\pi m k_B T}{h^2}}\right)^3$$

のときである．つまり粒子密度が希薄な場合には，量子力学系でも近似的にマクスウェル・ボルツマン分布に従う．

上の関係から，与えられた温度で量子効果が顕著になる粒子間の距離を密度から評価すると

$$\lambda_T = \left(\frac{V}{N}\right)^{1/3} = \sqrt{\frac{h^2}{2\pi m k_{\mathrm{B}} T}}$$

であり，この距離 λ_T は熱的ド・ブロイ波長とよばれる．

17-3. 1，2 次元では，粒子数の平均を与える表式

$$\int_0^\infty \frac{1}{e^{\beta E}-1}D(E)dE \tag{11.38}$$

での状態密度がそれぞれ $D(E)=\text{const.}$，$D(E)\propto 1/\sqrt{E}$ であり，積分が発散する．たとえば 2 次元では，例題 14 で見たように

$$\int_0^\infty \frac{1}{e^{\beta E}-1}dE=\infty \tag{11.39}$$

である．そのため，ボース・アインシュタイン凝縮は起こらない．1 次元でも同様である．このように，$E=0$ つまり $k=0$ 付近の寄与で積分が発散することを赤外発散という．

12 章の発展問題

18-1. 磁場がない場合と同様に転送行列を考える．このとき，磁場は各サイトにかかっているので，転送行列を考えるハミルトニアンの単位を

$$\frac{1}{2}H\sigma_i+J\sigma_i\sigma_{i+1}+\frac{1}{2}H\sigma_{i+1}$$

ととると，転送行列は $K=\beta J$，$L=\beta H$ として

$$T=\begin{pmatrix} e^{K+L} & e^{-K} \\ e^{-K} & e^{K-L} \end{pmatrix}$$

であり，対称になるので便利である．ただし，両端のスピンにかかっている磁場は半分しか取り入れられていないので，自由境界条件の場合には注意が必要であるが，周期的境界条件の場合は，両端の寄与で磁場も補正なしで正しく取り入れられる．

分配関数は

$$Z=T^N(+,+)+T^N(-,-)=\mathrm{Tr}\,T^N={\lambda_+}^N+{\lambda_-}^N$$

で与えられる．ここで，λ_+,λ_- は行列 T の固有値

$$\lambda_\pm=\frac{e^K(e^L+e^{-L})\pm\sqrt{e^{2K}(e^L+e^{-L})^2-4(e^{2K}-e^{-2K})}}{2}$$

である．

18-2. 磁化の平均は

$$\langle M \rangle = \frac{\partial \ln Z}{\partial(\beta H)} \simeq N \frac{\partial \ln \lambda_+}{\partial L}$$
$$= \frac{e^K(e^L - e^{-L}) + \frac{e^{2K}(e^L+e^{-L})(e^L-e^{-L})}{\sqrt{e^{2K}(e^L+e^{-L})^2-4(e^{2K}-e^{-2K})}}}{e^K(e^L + e^{-L}) + \sqrt{e^{2K}(e^L + e^{-L})^2 - 4(e^{2K} - e^{-2K})}}$$

で与えられる．

低温の極限では，e^K の項の寄与が大きくなり，

$$\langle M \rangle \simeq \frac{2(e^L - e^{-L})}{(e^L + e^{-L}) + (e^L - e^{-L})} \simeq 1 - e^{-2L}$$

高温の極限では，$e^{\pm K} \simeq 1 \pm K$，$e^{\pm L} \simeq 1 \pm L$ であり

$$\langle M \rangle \simeq L = \frac{H}{k_{\mathrm{B}} T}$$

である．

19-1. σ_i の期待値は

$$\langle \sigma_i \rangle = \frac{[T^i S T^{N-i}]_{+-}}{[T^N]_{+-}}$$

で与えられるので

$$\langle \sigma_i \rangle = \frac{[T^i S T^{N-i}]_{+-}}{[T^N]_{+-}} = \frac{\lambda_-^i \lambda_+^{N-i} - \lambda_+^i \lambda_-^{N-i}}{\lambda_+^N + \lambda_-^N} = \frac{\tanh^i K - \tanh^{N-i} K}{1 + \tanh^N K}$$

である．

20-1. はしご格子の考え方を列の M 個のスピン $\sigma_1^{(1)}, \sigma_1^{(2)}, \ldots, \sigma_1^{(M)}$ に適用すると，その転送行列は，はしご格子と同じ考え方で，縦方向の重み $e^{K(\sigma_1^{(1)}\sigma_1^{(2)}+\cdots+\sigma_1^{(M-1)}\sigma_1^{(M)})}$ は表示 $(\sigma_1^{(1)}, \sigma_1^{(2)}, \ldots, \sigma_1^{(M)})$ そのもので表すことができるので，量子スピンの z 成分を用いて

$$V_M = e^{K(\sigma_z^{(1)}\sigma_z^{(2)}+\sigma_z^{(2)}\sigma_z^{(3)}+\cdots+\sigma_z^{(M-1)}\sigma_z^{(M)})}$$

であり，横方向 $(\sigma_1^{(1)}\sigma_1^{(2)}, \ldots, \sigma_M^{(1)}\sigma_M^{(2)})$ は，式 (12.44) を用いて

$$T_M = A^M e^{B\left(\sigma_x^{(1)}+\sigma_x^{(2)}+\cdots+\sigma_x^{(M)}\right)}$$

であるので，転送行列は

$$L_M = V_M T_M = e^{K(\sigma_z^{(1)}\sigma^{(2)}+\sigma_z^{(2)}\sigma_z^{(3)}+\cdots+\sigma_z^{(M-1)}\sigma_z^{(M)})} A^M e^{B\left(\sigma_x^{(1)}+\sigma_x^{(2)}+\cdots+\sigma_x^{(M)}\right)}$$

である．対称化して

$$T = V_M^{1/2} T_M V_M^{1/2}$$

とすることができる．

13 章の発展問題

21-1. 強磁性相互作用の系の温度 T での分配関数を

$$Z_{\mathrm{SQ}}(K) = \sum_{\sigma_i=\pm 1} e^{K\sum_{<ij>}\sigma_i\sigma_j} \tag{13.16}$$

とする．

相関関数の符号が温度によって変わるボンドのセットの σ_1, σ_2 間のボルツマン因子は σ_3 の部分和をとると

$$\sum_{\sigma_3=\pm 1} e^{-\beta(J_1\sigma_1\sigma_2+J_2(\sigma_1\sigma_3+\sigma_3\sigma_2))} = e^{-\beta J_1\sigma_1\sigma_2} 2\cosh\left(\beta J_2(\sigma_1+\sigma_2)\right)$$

ここで

$$2\cosh\left(\beta J_2(\sigma_1+\sigma_2)\right) = Ae^{K_2\sigma_1\sigma_2}$$

の形に表すと，

$$A = \sqrt{4\cosh 2\beta J_2}, \quad K_2 = \ln\cosh 2\beta J_2$$

である．このことを用いると

$$\sum_{\sigma_3=\pm 1} e^{-\beta(J_1\sigma_1\sigma_2+J_2(\sigma_1\sigma_3+\sigma_3\sigma_2))} = Ae^{K_{\mathrm{eff}}\sigma_1\sigma_2}, \quad K_{\mathrm{eff}} = K_2 - \beta J_1$$

と表せる．この実効的相互作用係数 K_{eff} を用いて，正方格子上での飾りボンドの系の分配関数は，通常の強磁性の分配関数 $Z_{\mathrm{SQ}}(K)$ を用いて $Z_{\mathrm{SQ}}(K_{\mathrm{eff}})$ で表せる．そのため，飾りボンドの系は温度が $k_{\mathrm{B}}T = |K_{\mathrm{eff}}|$ の正方格子と同じ熱力学的性質を示す．$K_{\mathrm{eff}} > 0$ の場合は強磁性的な一様秩序，（$K_{\mathrm{eff}} < 0$ の場合は反強磁性的な交替秩序）を示す．

もとの正方格子での相転移が K_{C} で起こる場合に，飾りボンドの系でも

$|K_{\rm eff}|$ がその値をとるとき，相転移が起こる．しかし，飾りボンドの系での相関が反強磁性的相関をもつ場合 ($K_{\rm eff} < 0$) には，$|K_{\rm eff}| < K_{\rm C}$ であるので，単独の飾りボンドでは相転移は起こらない．

そこで，σ_1, σ_2 間に複数 (n) 個の飾りボンドをおき，ある温度領域で

$$|K_{\rm eff}| \to n|K_{\rm eff}| > K_{\rm C}$$

となるようにすると，$n|K_{\rm eff}| > K_{\rm C}$ の範囲で飾りボンドの系は強磁性長距離秩序をもつ．この系での相転移の様子を調べると，高温で $0 < n|K_{\rm eff}| < K_{\rm C}$ の場合には系は反強磁性的な短距離相関をもつ常磁性体である．そこから温度が下がり，$n|K_{\rm eff}| > K_{\rm C}$ となると，系は強磁性的な長距離相関をもつ強磁性秩序をもつ系へ相転移する．さらに温度が下がり，飾りボンドの相関関数は減じると，系は常磁性体に戻る．さらに温度が下がると飾りボンドの相関関数は強磁性的になり，$nK_{\rm eff} > K_{\rm C}$ となるところで，強磁性長距離秩序をもつ．このように，飾りボンドを工夫することで，同一の系で強磁性，反強磁性長距離秩序の両方をもつ系を設計することができる[1]．

21-2. 基底状態のエネルギーを求めるために

$$E = J\left(\cos(\phi_1 - \phi_2) + \cos(\phi_2 - \phi_3) + \cos(\phi_3 - \phi_1)\right), \quad J > 0$$

を角度に関して微分をとる．角度の原点を $\phi_3 = 0$ としても一般性を失わない．ϕ_1, ϕ_2 に関する微分から

$$\frac{dE}{d\phi_1} = -\sin(\phi_1 - \phi_2) - \sin(\phi_1) = 0, \quad \frac{dE}{d\phi_2} = \sin(\phi_1 - \phi_2) - \sin(\phi_2) = 0$$

である．これから，

$$\sin(\phi_1) + \sin(\phi_2) = 2\sin\left(\frac{\phi_1 + \phi_2}{2}\right)\cos\left(\frac{\phi_1 - \phi_2}{2}\right) = 0$$

でなくてはならない．これより，

$$\frac{\phi_1 + \phi_2}{2} = n\pi \to \phi_1 + \phi_2 = 2n\pi \quad n\text{:整数}$$

あるいは

[1] S. Miyashita, Prog. Theor. Phys. **69**, 714 (1983), H. Kitatani, S. Miyashita and M. Suzuki, J. Phys. Soc. Jpn. **55**, 865 (1986).

$$\frac{\phi_1 - \phi_2}{2} = n\pi + \frac{\pi}{2} \to \phi_1 - \phi_2 = 2n\pi + \pi \quad n\text{:整数}$$

である．前者の場合，

$$-\sin(\phi_1 - \phi_2) - \sin(\phi_1) = -\sin(2\phi_1 - 2n\pi) - \sin(\phi_1)$$

$$= -\sin(2\phi_1) - \sin(\phi_1) = -\sin(\phi_1)\,(2\cos\phi_1 + 1) = 0$$

より

$$\phi_1 = n\pi, \text{あるいは} \quad \cos\phi_1 = -\frac{1}{2}$$

$\phi_1 = n\pi$ の場合は

$$\phi_1 = 0, \phi_2 = 0, \quad (\phi_3 = 0), \text{あるいは}, \phi_1 = 0, \phi_2 = \pi, \quad (\phi_3 = 0) \tag{13.17}$$

の解が得られる．この場合は 2 つのスピンは平行か反平行であり，エネルギーは，それぞれ $E = 3J$，$E = -J$ である．ちなみに $E = 3J$ は強磁性の場合 $(J < 0)$ の基底エネルギーを与える．

$\cos\phi_1 = -1/2$ の場合は

$$\phi_1 = \frac{2\pi}{3}, \phi_2 = \frac{4\pi}{3}, \quad (\phi_3 = 0) \tag{13.18}$$

の解が得られる．この場合，3 つのスピンは互いに $120°$ ずれた配位をとり，エネルギーは $E = -3J/2$ である．$J > 0$ の場合，この解が最低のエネルギーを与える．この場合，スピンは XY 面内で $\pm 120°$ 構造をとる．そこでは，2 つの場合：

$$\phi_1 = \frac{2\pi}{3} + \phi_0, \quad \phi_2 = \frac{4\pi}{3} + \phi_0, \quad \phi_3 = \phi_0 \quad (120°\text{構造})$$

あるいは，

$$\phi_1 = \frac{4\pi}{3} + \phi_0, \quad \phi_2 = \frac{2\pi}{3} + \phi_0, \quad \phi_3 = \phi_0 \quad (-120°\text{構造})$$

がある．z 軸まわりに回転対称性をもつため，ϕ_0 は任意である．このように，連続スピン系では，相互作用に競合があっても各スピンの自由度が連続的に変化できるので，相互作用間の妥協の結果として，スピンが平行でない配位が基底状態として現れる.

ここで気をつけなくてはならないのは, $\pm 120°$ 構造は互いに相容れない構造であるので秩序状態を決めるためにはどちらかを選択しなくてはならない. そのため, 系は離散的（イジング的）な自由度が現れる. そのため, 基底状態は z 軸まわりの回転対称性と, $\pm$ に関する Z_2 の対称性をもつ. 三角格子上でこの模型は, フラストレーションによって形成された秩序変数の構造を反映して, 回転の対称性を反映した渦自由度による Kosterlitz-Thouless 転移と, Z_2 の対称性を反映した強磁性イジング転移の 2 つ相転移が考えられる[2].

反強磁性ハイゼンベルク模型では, やはり基底状態は 120° 構造をとるが, その面は XY 平面に限らないため, 秩序変数の構造は 3 次元での剛体の回転と同じ対称性をもつ. この系は Z_2 渦とよばれる特殊な渦構造をもち, 興味深い秩序化を示す[3]. さらに, イジング的異方性をもつ反強磁性ハイゼンベルク模型でも, その秩序変数の構造を反映して興味深い相転移が起こる[4].

14 章の発展問題

22-1. $\tanh x$ の定義より

$$X = \tanh x = \frac{e^x - e^{-x}}{e^x + e^{-x}}, \quad z = e^x$$

とすると

$$X(z + \frac{1}{z}) = z - \frac{1}{z} \rightarrow (X-1)z^2 + X + 1 = 0 \rightarrow z = \sqrt{\frac{1+X}{1-X}}$$

であるので

$$x = \tanh^{-1} X = \ln z = \frac{1}{2} \ln \left(\frac{1+X}{1-X} \right)$$

である.

22-2. このモデルは

---

[2] S. Miyashita and H. Shiba: J. Phys. Soc. Jpn. **53**, 1145 (1984).

[3] H. Kawamura and S. Miyashita: J. Phys. Soc. Jpn. **53**, 4138 (1984). Y. Ajiro, T. Nakashima, Y. Unno, H. Kadowaki, M. Mekata and N. Achiwa: J. Phys. Soc. Jpn. 57, 2648 (1988).

[4] S. Miyashita and H. Kawamura: J. Phys. Soc. Jpn. **54**, 3385 (1985).

$$\mathcal{H} = -\frac{Jz}{2N}\left(\sum_i \sigma_i\right)\left(\sum_k \sigma_k\right) = -\frac{Jz}{2N}\sum_i\sum_k \sigma_i\sigma_k$$

と書き直せる．つまり，この模型はすべてのスピンがすべてのスピンと相互作用している模型であり，格子の形は意味をもたない．そのため，z によらず相転移が起こる．

この模型は，例題 24 で説明するように，$N \to \infty$ で平均場近似と同じ熱力学的性質を示す．このことから，平均場近似は格子の形は意味をもたない長距離相互作用系と等価であり，系の次元性は反映されない．

23-1. 帯磁率は dm/dH であるので

$$\frac{dm}{dH} = |t|^\beta \frac{1}{|t|^{\beta\delta}}\Phi'\left(\frac{H}{|t|^{\beta\delta}}\right)$$

となる．ここで

$$\chi \propto |t|^{-\gamma} \propto |t|^{\beta-\beta\delta}$$

であるので

$$\gamma = \beta(\delta - 1)$$

である．

23-2. 自由エネルギーの特異性は

$$f \propto -H|t|^\beta\Phi\left(\frac{H}{|t|^{\beta\delta}}\right) = -H|t|^\beta\left(\frac{H}{|t|^{\beta\delta}}\right)^{-1}\frac{H}{|t|^{\beta\delta}}\Phi\left(\frac{H}{|t|^{\beta\delta}}\right)$$
$$= |t|^\beta \times |t|^{\beta\delta}\Xi\left(\frac{H}{|t|^{\beta\delta}}\right)$$

ただし

$$\Xi(x) = x\Phi(x)$$

もスケーリング関数の 1 つである．これより

$$f \propto |t|^{2-\alpha} \propto |t|^\beta \times |t|^{\beta\delta} = |t|^{\beta(\delta+1)}$$

であるので

$$2-\alpha=\beta(1+\delta)$$

となる．また，前問で求めた関係 $\gamma=\beta(\delta-1)$ を用いると

$$\alpha+2\beta+\gamma=2$$

となる．

24-1. 自由エネルギーは $F=E-TS$ であるので，S を m の関数として求める．各サイトでの磁化 $\pm$ の分布 $p_1(\sigma=\pm)$ は

$$p(+)+p(-)=1,\quad p(+)-p(-)=m$$

の関係を満たすので

$$p(+)=\frac{1+m}{2},\quad p(-)=\frac{1-m}{2}$$

である．これより

$$\begin{aligned}S&=-k_\mathrm{B}\sum_{\{\sigma_i=\pm1\}}\prod_{i=1}^{N}p_1(\sigma_i)\ln\prod_{i=1}^{N}p_1(\sigma_i)\\&=-k_\mathrm{B}\sum_{\{\sigma_i=\pm1\}}\prod_{i=1}^{N}p_1(\sigma_i)\sum_{i}^{N}\ln p_1(\sigma_i)=-k_\mathrm{B}\sum_{i}^{N}\sum_{\sigma_i=\pm1}p_1(\sigma_i)\ln p_1(\sigma_i)\\&=-k_\mathrm{B}N\left(\left(\frac{1+m}{2}\right)\ln\left(\frac{1+m}{2}\right)+\left(\frac{1-m}{2}\right)\ln\left(\frac{1-m}{2}\right)\right)\end{aligned}$$

であるので

$$\frac{1}{N}F=\frac{zJm^2}{2}-k_\mathrm{B}T\left(\left(\frac{1+m}{2}\right)\ln\left(\frac{1+m}{2}\right)+\left(\frac{1-m}{2}\right)\ln\left(\frac{1-m}{2}\right)\right)$$

である．これは式 (14.81) に一致する．

24-2. ガウス積分の関係を用いて

$$Z=\mathrm{Tr}\;e^{\frac{\beta zJ}{2N}M^2+\beta HM}=\mathrm{Tr}\;\frac{1}{\sqrt{2\pi}}\int_{-\infty}^{\infty}e^{-\frac{x^2}{2}+x\sqrt{\frac{\beta zJ}{N}}M+\beta HM}dx$$

$$\mathrm{Tr}\;e^{(x\sqrt{\frac{\beta zJ}{N}}+\beta H)\sum_{i=1}^{N}\sigma_i}=\left(2\cosh\left(x\sqrt{\frac{\beta zJ}{N}}+\beta H\right)\right)^N$$

であるので

$$Z = \frac{1}{\sqrt{2\pi}} \int_{-\infty}^{\infty} e^{-\frac{x^2}{2} + N \ln\left(2\cosh\left(x\sqrt{\frac{\beta zJ}{N}} + \beta H\right)\right)} dx$$

ここで $x = \sqrt{N}y$ と変数変換すると

$$Z = \mathrm{Tr}\ \frac{1}{\sqrt{2N\pi}} \int_{-\infty}^{\infty} e^{-N(\frac{y^2}{2} - \ln\left(2\cosh\left(\sqrt{\beta zJ}y + \beta H\right)\right)} dy$$

となり，この積分を鞍点法で評価すると

$$-\beta f(y) = -\frac{1}{2}y^2 + \ln 2\cosh(\sqrt{\beta zJ}y + \beta H)$$

が得られる．ここで

$$y = \sqrt{\beta zJ}m$$

と変数変換すると

$$-\beta f(m) = -\frac{1}{2}\beta Jzm^2 + \ln 2\cosh(\beta Jzm + \beta H)$$

となる．これはゆらぎを無視した場合の近似での自由エネルギー (14.65) に一致する．このように同じハミルトニアンから例題で求めた式 (14.81) と，ここで求めた式 (14.65) が得られる．両者で極値は一致するので，平均場近似の解での磁化に関する自由エネルギーとしては同じ値を示すが，そこからの励起に関する結果は近似によって異なる．

25-1. この系の平均場近似のセルフコンシステント方程式は

$$m = \frac{e^{\beta(Jzm+H)} - e^{-\beta(Jzm+H)}}{e^{\beta(Jzm+H)} + e^{\beta D} + e^{-\beta(Jzm+H)}}$$

となる．今の系では $S_i = 0$ の縮重度は 1 であるが，熱力学的重み $e^{\beta D}$ のため，例題 1 と同じような振る舞いをする．

26-1. $T = 0$ では $m = 1$ であり，低温では磁化は 1 に近いので $m = 1 - \delta$ としてその振る舞いをみる．ハイゼンベルク模型でのセルフコンシステント方程式では

$$\begin{aligned} 1 - \delta &= \frac{e^{\beta Jz(1-\delta)} + e^{-\beta Jz(1-\delta)}}{e^{\beta Jz(1-\delta)} - e^{-\beta Jz(1-\delta)}} - \frac{1}{\beta Jz(1-\delta)} \\ &= \frac{1 + e^{-2\beta Jz(1-\delta)}}{1 - e^{-2\beta Jz(1-\delta)}} - \frac{1}{\beta Jz(1-\delta)} \end{aligned}$$

であり，$\beta Jz \gg 1$ では

$$\delta \simeq \frac{1}{\beta Jz} = \frac{k_{\mathrm{B}}T}{Jz}$$

となる．つまり，1 からのずれは温度に比例する．これは，ハイゼンベルク模型ではスピンが連続的に変化でき，低温でのゆらぎが微小ゆらぎの調和振動子で表されるためである．

それに対し，イジング模型の場合のセルフコンシステント方程式 $m = \tanh(\beta Jzm)$ に $m = 1 - \delta$ を代入すると

$$1 - \delta = \frac{e^{\beta Jz(1-\delta)} - e^{-\beta Jz(1-\delta)}}{e^{\beta Jz(1-\delta)} + e^{-\beta Jz(1-\delta)}} \simeq 1 - 2e^{-2\beta Jz(1-\delta)}$$

となる．つまり，1 からのずれは温度の指数関数となる．これは，イジング模型での低温でのゆらぎは，各スピンの反転に $2Jz$ のエネルギーが必要なため低温での変化が指数的に小さくなるためである．

$$\delta \simeq 2e^{-2\beta Jz}$$

15 章の発展問題

27-1. ファン・デル・ワールス状態方程式

$$\left(P + a\left(\frac{N}{V}\right)^2\right)(V - bN) = nRT$$

は，

$$P = \frac{nRT}{V - bN} - a\left(\frac{N}{V}\right)^2 \simeq -a\left(\frac{N}{V}\right)^2 + k_{\mathrm{B}}T\frac{N}{V}\left(1 + b\left(\frac{N}{V}\right) + \cdots\right)$$

であり，格子気体では

$$\begin{aligned} P &= -\frac{z\phi_0}{2}\left(\frac{N}{V}\right)^2 - k_{\mathrm{B}}T\ln\left(1 - \frac{N}{V}\right) \\ &\simeq -\frac{z\phi_0}{2}\left(\frac{N}{V}\right)^2 + k_{\mathrm{B}}T\frac{N}{V}\left(1 + \frac{1}{2}\left(\frac{N}{V}\right) + \cdots\right) \end{aligned}$$

である．格子気体では排除体積は空間のメッシュで与えられ，格子気体での体積の定義に含まれる．

16 章の発展問題

28-1. 一般に実数の $x(> 0)$ に対して，$\ln\frac{1}{x} \geq 1 - x$ であるので

$$D(\boldsymbol{P}||\boldsymbol{Q}) = \sum_{k=1}^{M} P(k,t) \ln \frac{P(k)}{Q(k)} \geq \sum_{k=1}^{M} P(k,t) \left(1 - \frac{Q(k)}{P(k)}\right) = 0$$

である．

28-2. マスター方程式の定常解がカノニカル分布になるように遷移確率が選ばれている場合，

$$P_{\rm eq}(i) = \frac{e^{-\beta E_i}}{Z}, \quad F_{\rm eq} = -k_{\rm B} T \ln Z$$

であるので

$$\begin{aligned}\sum_{i=1}^{M} P(i,t) \ln \left(\frac{P(i,t)}{P_{\rm eq}(i)}\right) &= \sum_{i=1}^{M} P(i,t) \ln P(i,t) - \sum_{i=1}^{M} P(i,t) \ln P_{\rm eq}(i) \\ &= \sum_{i=1}^{M} P(i,t) \ln P(i,t) - \sum_{i=1}^{M} P(i,t) \left(-\beta E_i + \beta F_{\rm eq}\right)\end{aligned}$$

となる．ここで

$$F(t) = \sum_{i=1}^{M} P(i,t) E_i + k_{\rm B} T \sum_{i=1}^{M} P(i,t) \ln P(i,t)$$

であるので

$$k_{\rm B} T \sum_{i=1}^{M} P(i,t) \ln \left(\frac{P(i,t)}{P_{\rm eq}(i)}\right) = F(t) - F_{\rm eq}$$

である．

28-3. 28-1 で証明したように，相対エントロピーが非負であることから，この量は非負であり，$F_{\rm eq}$ は最小であることを再現している．

28-4. マスター方程式による時間発展において $P(i,t)$ の時間変化が

$$\boldsymbol{P}(i, t+\Delta t) = \mathcal{L} \boldsymbol{P}(i,t)$$

で与えられるとする[5]．ここで

[5] 湯川諭，統計力学（日本評論社，2021）参照．

$$(\mathcal{L})_{ij} = w_{j\to i}\Delta t, \quad i \neq j, \quad (\mathcal{L})_{ii} = 1 - \sum_{i\neq j} w_{j\to i}\Delta t$$

である．ここで，時刻 t に状態 j にあり，かつ時刻 $t+\Delta t$ に状態 i にある確率を表す 2 変数の確率 $P_2(i(t+\Delta t), j(t))$ を考える．このとき，

$$P_2(i(t+\Delta t), j(t)) = (\mathcal{L})_{ij}\, P(j,t)$$

である（$(\mathcal{L})_{ij}$ は正の実数であり，上の式は単なる数の積であることに注意）．これは

$$\sum_i P_2(i(t+\Delta t), j(t)) = P(j, t+\Delta t), \quad \sum_j P_2(i(t+\Delta t), j(t)) = P(i,t),$$

$$\sum_{i,j} P_2(i(t+\Delta t), j(t)) = 1$$

の関係を満たす．この $P_2(i(t+\Delta t), j(t))$ に関する相対エントロピーは

$$\begin{aligned}
D(\boldsymbol{P}_2(t)||\boldsymbol{P}_{2(\mathrm{eq})}) &= \sum_{i,j=1}^{M} P_2(i(t+\Delta t), j(t)) \ln \frac{P_2(i(t+\Delta t), j(t))}{P_{2(\mathrm{eq})}(i(t+\Delta t), j(t))} \\
&= \sum_{i,j=1}^{M} (\mathcal{L})_{ij}\, P(j,t) \ln \left(\frac{(\mathcal{L})_{ij}\, P(j,t)}{(\mathcal{L})_{ij}\, P_{\mathrm{eq}}(j)} \right) \\
&= \sum_{i,j=1}^{M} (\mathcal{L})_{ij}\, P(j,t) \ln \left(\frac{P(j,t)}{P_{\mathrm{eq}}(j)} \right)
\end{aligned}$$

である．さらに

$$\sum_{i=1}^{M} (\mathcal{L})_{ij} = 1$$

であるので

$$D(\boldsymbol{P}_2(t)||\boldsymbol{P}_{2(\mathrm{eq})}) = \sum_{j=1}^{M} P(j,t) \ln \left(\frac{P(j,t)}{P_{\mathrm{eq}}(j)} \right) = D(\boldsymbol{P}(t)||\boldsymbol{P}_{\mathrm{eq}})$$

であることがわかる．

ここで，$P_2(i(t), j(t+\Delta t))$ を，時刻 $t+\Delta t$ で状態 i にあるとき，時刻 t で状態 j にある条件付き確率 X を考える．これを用いると次のように表せる．

$$P_2(i(t+\Delta t), j(t)) = X(j(t)|i(t+\Delta t))P(i, t+\Delta t)$$
$$P_{2(\mathrm{eq})}(i(t+\Delta t), j(t)) = X_{\mathrm{eq}}(j(t)|i(t+\Delta t))P_{\mathrm{eq}}(i, t+\Delta t)$$

$X(j(t)|i(t+\Delta t))$ は

$$\sum_{i=1}^{M} X(j(t)|i(t+\Delta t))P(i, t+\Delta t) = P(j, t)$$

であるので，$\mathcal{L}$ の逆行列のようにみえるが，$\mathcal{L}$ は一般に逆をもたないので，$X(i(t+\Delta t), j(t))$ は，上の関係で与えられると解釈する．もし，$(\mathcal{L})_{ij} = 0$ の場合には $X(i(t+\Delta t), j(t)) = 0$ は不定であるので，$X(i(t+\Delta t), j(t)) = 0$ とする．また，$X(i(t+\Delta t), j(t))$ は $P(j, t), P(i, t+\Delta t)$ に依存するので $X_{\mathrm{eq}}(i(t+\Delta t), j(t))$ は $X(i(t+\Delta t), j(t))$ とは異なる．

$X(i(t+\Delta t), j(t))$ を用いての相対エントロピーは

$$\begin{aligned}
&D(\boldsymbol{P}_2(t)||\boldsymbol{P}_{2(\mathrm{eq})}) \\
&= \sum_{i=1}^{M}\sum_{j=1}^{M} X(j(t)|i(t+\Delta t))P(i, t+\Delta t)\ln\left(\frac{X(j(t)|i(t+\Delta t))P(i, t+\Delta t)}{X_{\mathrm{eq}}(j(t)|i(t+\Delta t))P_{\mathrm{eq}}(i)}\right) \\
&= \sum_{i=1}^{M}\sum_{j=1}^{M} X(j(t)|i(t+\Delta t))P(i, t+\Delta t)\ln\left(\frac{P(i, t+\Delta t)}{P_{\mathrm{eq}}(i)}\right) \\
&\quad + \sum_{i=1}^{M} P(i, t+\Delta t)\left(\sum_{j=1}^{M} X(j(t)|i(t+\Delta t))\ln\left(\frac{X(j(t)|i(t+\Delta t))}{X_{\mathrm{eq}}(j(t)|i(t+\Delta t))}\right)\right)
\end{aligned}$$

である．第 1 項は j についての和

$$\sum_{j=1}^{M} X(j(t)|i(t+\Delta t)) = 1$$

を用いると，$D(\boldsymbol{P}(t+\Delta t)||\boldsymbol{P}_{\mathrm{eq}})$ となる．また，第 2 項は $X(j(t)|i(t+\Delta t))$ に関する相対エントロピーを $P(i, t+\Delta t)$ で平均したものである．

$$\begin{aligned}
D(\boldsymbol{P}_2(t)||\boldsymbol{P}_{2(\mathrm{eq})}) &= D(\boldsymbol{P}(t+\Delta t)||\boldsymbol{P}_{\mathrm{eq}}) \\
&\quad + \sum_{i=1}^{M} P(i, t+\Delta t)D(\boldsymbol{X}(t+\Delta t)||\boldsymbol{X}_{\mathrm{eq}})
\end{aligned}$$

である．任意の確率に関して相対エントロピーは非負であるので

$$D(\boldsymbol{P}(t)||\boldsymbol{P}_{\rm eq}) \geq D(\boldsymbol{P}(t+\Delta t)||\boldsymbol{P}_{\rm eq})$$

となる．

29-1. ある状態 i が時間 $\Delta t(\ll 1)$ のあいだに状態 j に遷移しない確率は，単位時間あたりの遷移確率を $w_{i\to j}$ とすると

$$1 - w_{i\to j}\Delta t$$

であるので，$\Delta t(\ll 1)$ のあいだにどの状態にも遷移しない確率，つまり状態 i に留まる確率は

$$\prod_{j\neq i}(1 - w_{i\to j}\Delta t) = \prod_{j\neq i} e^{-w_{i\to j}\Delta t} = e^{-\sum_{j\neq i} w_{i\to j}\Delta t}$$

である．このことから，状態 i の時間 t での生存確率は

$$R = \sum_{j\neq i} w_{i\to j}$$

とすると

$$\prod_{j\neq i}(1 - w_{i\to j}\Delta t)^{t/\Delta t} = \prod_{j\neq i} e^{-w_{i\to j}t} = e^{-\sum_{j\neq i} w_{i\to j}t} = e^{-Rt} \tag{16.52}$$

である．そして，時間 $t \sim t+\Delta t$ のあいだに何かの遷移が初めて起こる確率は $e^{-Rt}R\Delta t$ であるので，状態 i の持続時間 τ の確率分布 $p(\tau)$ は

$$p(\tau)d\tau = Re^{-R\tau}d\tau$$

である．持続時間 τ の積算確率分布が

$$\int_0^\tau Re^{-Rs}ds = 1 - e^{-R\tau}$$

であるので，0 から 1 のあいだの一様乱数 r によって，τ を

$$\tau = -\frac{1}{R}\ln(1-r)$$

と決める．そして，どの状態 j への遷移が起こったかは，各状態の遷移確率に比例して決める．

$$状態\ j\ を選ぶ確率 = \frac{w_{i\to j}}{\sum_{k\neq i} w_{i\to k}} = \frac{w_{i\to j}}{R}$$

物理量 A の期待値は，k 番目の状態での A の値を A_k，その持続時間を τ_k

とすると

$$\langle A \rangle_{\mathrm{MC}} = \frac{\sum_k A_k \tau_k}{\sum_k \tau_k}$$

で与えられる．

更新後の状態 j の選ぶには，R から $w_{i\to j}$ を順に引いていくような単純な方法では決定に必要な計算時間は系の大きさ N に比例する．その効率を上げるには，2 分法 (binary search) がある．この方法を用いると計算時間は $\mathrm{O}(\log_2(M))$ となる．また，さらに $O(1)$ となる効率のよい方法も開発されている[6]．

遷移しにくい場合には状態の持続時間 τ が大きくなるが，この方法では，各更新で必ず状態更新が起こり，持続時間 τ が長くなるだけである．そのため，温度が低いときの秩序状態での計算の場合などで有効である．たとえば，最近接格子点の数が z の強磁性体において，低温 $(\beta J \gg 1)$ ですべてのスピンがそろっている状態からどれか 1 つのスピンが反転する事象を観測するのに，通常のモンテカルロ法では $e^{2z\beta J}$ ぐらいの状態更新試行（モンテカルロステップ）が必要であるが，上の方法では 1 回の更新でどれかのスピンが反転し，そのとき $\tau \sim O(e^{2z\beta J})$ となる．ちなみに次の更新では，ほぼ確実にそのスピンが元に戻り，そのときは $\tau \sim O(1)$ となる．

29-2. 古典ハイゼンベルク模型では，スピンは 3 次元単位ベクトルで表される．

$$(S_x, S_y, S_z) = (\sin\theta\cos\phi, \sin\theta\sin\phi, \cos\theta)$$

更新後のスピンの候補として，球殻から一様に $(\sin\theta'\cos\phi', \sin\theta'\sin\phi', \cos\theta')$ を選び，その状態でのエネルギーと現状でのエネルギーを用いて詳細釣合いを満たす遷移確率で状態を更新すればよい．このとき注意すべきことは，ϕ は $[0, 2\pi]$ の範囲で一様に選べばいいが，θ は $[0, \pi]$ 範囲で一様に選ぶのではなく，$\sin\theta d\theta$ の重みで選ばなくてはならない．つまり，S_z を $[-1, 1]$ の範囲で一様に選ぶことである．

ここで実効的な問題として，この方法で選んだスピンの向きはエネルギーが高い状態を選ぶ確率が高いので，更新が reject されることが多いため低温

---

[6] Walker's method of alias: A. J. Walker, ACM Tras. Math., Software, **3** 253, (1977), D. E. Knuth, *The Art of Computer Programming*, **2**, *Seminumerical Algorithm*, p.119, Addison Wesley, Reading, 3rd edition (1997).

で効率が悪いということがある．そのため，以下のような工夫が有効な場合がある．

更新しようとしているスピンにかかっている磁場（相互作用からの寄与も含める）を $\boldsymbol{H}, h = |\boldsymbol{H}|$ とし，その方向から測った角度を θ とすると，エネルギーは

$$E(\boldsymbol{S}) = -h\cos\theta$$

である．カノニカル分布に従ってフリップするとすると，角度 θ への遷移確率は

$$P(\theta) = A\sin\theta d\theta e^{\beta h\cos\theta},$$
$$A^{-1} = \int_0^{2\pi} d\phi \int_0^{\pi} \sin\theta d\theta e^{\beta h\cos\theta} = 2\pi \frac{e^{\beta h} - e^{-\beta h}}{\beta h}$$

である．これから，$P(\theta)$ の積算確率は

$$\int_0^{\theta} P(\theta)d\theta = \frac{e^{\beta h} - e^{-\beta h\cos\theta}}{e^{\beta h} - e^{-\beta h}}$$

である．そこで，$[0,1]$ の一様乱数 r を用いて，更新先の θ を

$$r = \frac{e^{\beta h} - e^{-\beta h\cos\theta}}{e^{\beta h} - e^{-\beta h}}$$

つまり，

$$\cos\theta = \frac{\ln\left(e^{\beta h} - r(e^{\beta h} - e^{-\beta h})\right)}{\beta h}$$

によって求めることができる．ϕ は $[0, 2\pi]$ の範囲で一様に選ぶ．この方向は $\boldsymbol{H}$ の方向から測った角度であるので，元の座標系に変換しなくてはならないが，1 回の更新で必ず状態が変化する rejection free の方法であり，低温では有効になる．

17 章の発展問題

30-1. $\langle [A(s), A] \rangle_{\mathrm{eq}}$ の部分は

$$\begin{aligned}\mathrm{Tr}[A(s), A]e^{-\beta\mathcal{H}_0} &= \mathrm{Tr}(A(s)A - AA(s))e^{-\beta\mathcal{H}_0} \\ &= \mathrm{Tr}(e^{i\mathcal{H}_0 t}Ae^{-i\mathcal{H}_0 t}A - Ae^{i\mathcal{H}_0 t}Ae^{-i\mathcal{H}_0 t})e^{-\beta\mathcal{H}_0}\end{aligned}$$

であり，トレースの性質を用いると

$$= \mathrm{Tr}\,(Ae^{-i\mathcal{H}_0 t}Ae^{i\mathcal{H}_0 t}e^{-\beta\mathcal{H}_0} - e^{-i\mathcal{H}_0 t}Ae^{i\mathcal{H}_0 t}Ae^{-\beta\mathcal{H}_0})$$
$$= \mathrm{Tr}\,[A, A(-s)]e^{-\beta\mathcal{H}_0} = -\mathrm{Tr}\,[A(-s), A]e^{-\beta\mathcal{H}_0}$$

であるので s の奇関数である．また

$$\begin{aligned}&\mathrm{Tr}\,\{[A(s), A]e^{-\beta\mathcal{H}_0}\}^* \\ &= \mathrm{Tr}\left\{\left(e^{-is\mathcal{H}_0/\hbar}Ae^{is\mathcal{H}_0/\hbar}A - Ae^{-is\mathcal{H}_0/\hbar}Ae^{is\mathcal{H}_0/\hbar}\right)e^{-\beta\mathcal{H}_0}\right\} \\ &= -\mathrm{Tr}\{[A(s), A]e^{-\beta\mathcal{H}_0}\}\end{aligned}$$

であることから $\mathrm{Tr}\,\{[A(s), A]e^{-\beta\mathcal{H}_0}\}$ は純虚数である．これらより，

$$\int_0^\infty ds \sin(\omega t)\,\langle[A(s), A]\rangle_{\mathrm{eq}} = \frac{1}{2}\int_{-\infty}^\infty ds \sin(\omega t)\,\langle[A(s), A]\rangle_{\mathrm{eq}}$$
$$\int_{-\infty}^\infty ds \cos(\omega t)\,\langle[A(s), A]\rangle_{\mathrm{eq}} = 0$$

であるので

$$\mathrm{Im}\,\chi_{AA}(\omega) = \frac{1}{2\hbar}\int_{-\infty}^\infty dse^{i\omega s}\,\langle(A(s)A - AA(s))\rangle_{\mathrm{eq}}$$

と表せる．ここで $\langle A(s)A\rangle_{\mathrm{eq}} \neq \langle AA(s)\rangle_{\mathrm{eq}}$ であり，KMS(Kubo-Martin-Schwinger) の関係 (8.75) より

$$\mathrm{Im}\,\chi_{AA}(\omega) = \frac{e^{\omega\hbar\beta} - 1}{2\hbar}\int_{-\infty}^\infty dse^{i\omega s}\,\langle AA(s)\rangle_{\mathrm{eq}}$$

となる．

ちなみに，外場を $F_0 e^{i\omega t}$ とした場合には，ω の符号の定義が逆であり，

$$\mathrm{Im}\,\chi_{AA}(\omega) = \frac{1 - e^{-\omega\hbar\beta}}{2\hbar}\int_{-\infty}^\infty dse^{-i\omega s}\,\langle AA(s)\rangle_{\mathrm{eq}}$$

となる．この形もよく用いられる．

ここで，$\mathrm{Im}\,\chi_{AA}(\omega)$ を非摂動系 $\mathcal{H}_0$ の固有値，固有関数

$$\mathcal{H}_0|k\rangle = E_k|k\rangle, \quad k = 1, 2, \ldots$$

で表すと

$$\mathrm{Im}\,\chi_{AA}(\omega) = \frac{e^{\omega\hbar\beta}-1}{2\hbar}\times$$
$$\sum_{k,\ell}\int_{-\infty}^{\infty} dse^{i\omega s}\langle k|A|\ell\rangle e^{iE_\ell s/\hbar}\langle \ell|A|k\rangle e^{-iE_k s/\hbar}e^{-\beta E_k}$$

であり

$$\delta\left(\omega - \frac{E_k - E_\ell}{\hbar}\right) = \frac{1}{2\pi}\int_{-\infty}^{\infty} dse^{i\omega s}e^{iE_\ell s/\hbar}e^{-iE_k s/\hbar}$$

の関係を用いると

$$\mathrm{Im}\,\chi_{AA}(\omega) = \frac{e^{\omega\hbar\beta}-1}{2\hbar}\sum_{k,\ell}2\pi\delta\left(\omega - \frac{E_k - E_\ell}{\hbar}\right)e^{-\beta E_k}|\langle k|A|\ell\rangle|^2$$

である．あるいは，デルタ関数により

$$\omega = \frac{E_k - E_\ell}{\hbar}$$

であることを用いると

$$\frac{e^{\omega\hbar\beta}-1}{2\hbar} = e^{\beta(E_k - E_\ell)}\frac{1-e^{-\omega\hbar\beta}}{2\hbar}$$

であるので

$$\mathrm{Im}\,\chi_{AA}(\omega) = \frac{1-e^{\omega\hbar\beta}}{2\hbar}\sum_{k,\ell}2\pi\delta\left(\omega - \frac{E_k - E_\ell}{\hbar}\right)e^{-\beta E_\ell}|\langle k|A|\ell\rangle|^2$$

とも書ける．

索 引

【英数字】

【あ】

【か】

【さ】

【た】

【な】

【は】

【ま】

【ら】

MEMO

MEMO

MEMO

MEMO

著者紹介

宮下精二（みやした せいじ）

1981年　東京大学大学院理学系研究科 博士課程修了（理学博士）
現　在　東京大学 名誉教授
　　　　日本物理学会 理事，JPSJ 編集委員会 委員長
専　門　物性基礎論，統計力学，磁性
著　書　『ゆらぎと相転移』（丸善出版，2018）
　　　　『熱力学』（東京図書，2019）
　　　　『統計力学』（東京図書，2020）
　　　　"*Collapse of Metastability*" (Springer, 2022)

フロー式 物理演習シリーズ 9
統計力学
—集団の物理の原理とその手法を理解するために—

Statistical Mechanics
—To Understand Physics for Ensemble and Concrete Methods for Interacting Many-Body Systems—

2023年6月15日　初版1刷発行

著　者　宮下精二　© 2023
監　修　須藤彰三
　　　　岡　真
発行者　南條光章
発行所　**共立出版株式会社**
東京都文京区小日向 4-6-19
電話　03-3947-2511（代表）
郵便番号　112-0006
振替口座　00110-2-57035
URL www.kyoritsu-pub.co.jp

印　刷　大日本法令印刷
製　本　協栄製本

一般社団法人
自然科学書協会
会員

検印廃止
NDC 426.5, 421.4

ISBN 978-4-320-03508-9

Printed in Japan